校企"双元"合作精品教材
高等职业院校"互联网+"系列精品教材

U0162036

仪器仪表的使用与操作技巧

王 蕾　顾艳华　主编

王北戎　王 乐　刘 佳　副主编

电子工业出版社
Publishing House of Electronics Industry
北京·BEIJING

内 容 简 介

随着科技的飞速发展，仪器仪表在很多领域发挥的作用越来越重要。本书是结合诸多行业对仪器仪表的操作要求编写的，重点介绍了万用表、函数信号发生器、示波器、频谱分析仪、电缆故障测试仪、网络测线仪、光纤熔接机、OTDR（光时域反射仪）、GPS 测量仪、激光测距仪等仪器仪表的工作原理、操作面板及规范操作方法。本书的工程实践性强，书中配有大量图表，可帮助读者直观地理解书中内容，每章最后的课堂任务便于教师组织和实施综合实训。

本书为高等职业本专科院校电子、电气、通信、自动化、计算机等专业仪器仪表课程的教材，也可作为开放大学、成人教育、自学考试、中职学校及培训班的教材，以及工程技术人员的参考书。

本教材配有免费的电子教学课件、习题参考答案，详见前言。

图书在版编目（CIP）数据

仪器仪表的使用与操作技巧 / 王蕾，顾艳华主编. —北京：电子工业出版社，2020.6（2024.1 重印）

高等职业院校"互联网+"系列精品教材

ISBN 978-7-121-37861-4

Ⅰ. ①仪…　Ⅱ. ①王…　②顾…　Ⅲ. ①仪器－使用方法－高等学校－教材②仪表－使用方法－高等学校－教材　Ⅳ. ①TH707

中国版本图书馆 CIP 数据核字（2019）第 253791 号

责任编辑：陈健德（E-mail:chenjd@phei.com.cn）
文字编辑：张思辰
印　　刷：北京捷迅佳彩印刷有限公司
装　　订：北京捷迅佳彩印刷有限公司
出版发行：电子工业出版社
　　　　　北京市海淀区万寿路 173 信箱　邮编　100036
开　　本：787×1 092　1/16　印张：9.25　字数：236.8 千字
版　　次：2020 年 6 月第 1 版
印　　次：2024 年 1 月第 5 次印刷
定　　价：39.00 元

凡所购买电子工业出版社图书有缺损问题，请向购买书店调换。若书店售缺，请与本社发行部联系，联系及邮购电话：（010）88254888，88258888。

质量投诉请发邮件至 zlts@phei.com.cn，盗版侵权举报请发邮件至 dbqq@phei.com.cn。

本书咨询联系方式：chenjd@phei.com.cn。

前　言

　　仪器仪表是人们用来认知世界的工具，随着科技的飞速发展，仪器仪表在很多领域中都被广泛地应用，主要包括工业、农业、国防等领域。在信息技术领域中，仪器仪表是通信技术发展的重要组成部分，在电子对抗、故障诊断和工程抢修中发挥重要作用。在全国各行各业中需要大量懂得仪器仪表技术原理与操作的技术人员，有许多院校也因此开设了与仪器仪表相关的课程。本书是根据仪器仪表在多行业企业、研究及教育等单位中的应用特点，结合多行业和职业的相关岗位对仪器仪表的操作要求编写的。

　　仪器仪表是人们用来对物质实体及其属性进行观察、监视、测定、验证、记录以及数据传输、变换、显示、分析处理与控制的各种器具与系统的总称。本书主要以各行业工程技术人员操作仪器仪表的通用经验为基础，将理论、实践、职业技能等内容融为一体，采用“教、学、做一体化”的教学模式，通过团队合作的方式，让每位学生参与到工作的过程中，使掌握的知识、技能和职业素养更加贴合未来的岗位要求。

　　本书主要介绍电子测量仪器、电缆测试仪器、光缆测试仪器等，主要包括万用表、函数信号发生器、示波器、频谱分析仪、电缆故障测试仪、网络测线仪、光纤熔接机、OTDR、GPS测量仪、激光测距仪等。本书的编写坚持以应用为核心，以学习实用技能、提高职业能力为出发点，培养学生的综合素质。全书共分为13章，每章分为三大部分：教学内容、技能要求和课堂任务。

　　本书由南京信息职业技术学院王蕾、顾艳华任主编，由南京信息职业技术学院王北戎、北京华晟经世信息技术有限公司王乐和刘佳任副主编，由南京信息职业技术学院孙玥任校对。具体编写分工为：王蕾编写第3章、第10章；顾艳华编写第1章、第2章、第12章；王北戎编写第11章、第13章；王乐编写第4章、第6章、第7章；刘佳编写第5章、第8章、第9章；孙玥参加部分内容的编写；全书由王蕾负责统稿。本书在编写过程中参阅了大量文献资料，并得到北京华晟经世信息技术有限公司员工及南京信息职业技术学院教师的帮助及支持，在此对他们表示最真挚的感谢！

　　为了方便教师教学，本书配有免费的电子教学课件、习题参考答案，请有需要的教师登录华信教育资源网（www.hxedu.com.cn）免费注册后进行下载，如有问题请在网站留言或与电子工业出版社联系（E-mail:chenjd@phei.com.cn）。

　　由于编者水平有限，书中难免存在疏漏和不足之处，恳请广大读者批评指正！

编　者

目 录

第 1 章

仪器仪表操作安全知识

教学内容

1. 使用仪器仪表的一般安全规程。
2. 仪器仪表的维修安全规程。
3. 仪器仪表的安装安全规程。
4. 仪器仪表的校验安全规程。

技能要求

1. 熟悉各种安全符号的标志，能够安全地使用各种通信仪表。
2. 能在安装、维修、校验仪表时采用科学、安全的方法。

 扫一扫看仪
表操作安全
教学课件

 扫一扫看仪
表操作安全
微课视频

为保障操作人员在使用、维护、安装和检修仪表时的安全性、规范性和科学性，提高操作人员对仪表设备的检修和维护水平，使仪表设备安全、经济地运行，有必要学习和掌握仪表安全操作的相关规程。

1.1 使用仪器仪表的一般安全规程

扫一扫看仪器仪表操作规范

在仪器仪表的使用过程中，一般要注意以下安全规程：

（1）所有仪表要定期校验，合格后方准使用。在使用过程中要经常检查仪表是否灵敏，运转是否良好，严禁超量程运行，严禁无关人员乱动。

在使用万用表测量电压、电流、电阻时，为防止仪表被烧坏，应先选用大量程进行测量，再逐级减小量程，常见万用表如图 1-1 所示。

图 1-1　常见万用表

（2）仪表工应熟知所管辖仪表的关于电气、有毒物质、有害物质的安全知识和安全标志，常见的安全标志如图 1-2 所示。

（3）在一般情况下不允许带电作业，在必要时须穿戴好绝缘鞋和绝缘手套，并有两人以上在场时方能操作，在特殊情况下须经车间、分厂的主管部门批准后再进行操作。绝缘鞋和绝缘手套如图 1-3 所示。

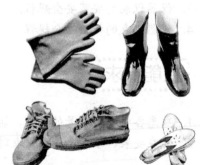

图 1-2　常见的安全标志　　　　　　　　　　　图 1-3　绝缘鞋和绝缘手套

有时在生活中我们会接触到一些短暂漏电的情况，比如用随身听播放机听歌时耳机导线的漏电，但这种类型的漏电持续时间一般比较短，对人体的危害也比较小；如果是市电电路的漏电，人体就会受到较大的伤害，这其中涉及人体安全电压的问题。

人体的安全电压为 36 V，如果接触超出 36 V 的电压就会有生命危险。大地的电压值为 0 V，站在地面上触摸市电火线就相当于把 220 V 电压加在人体身上。220 V 远大于 36 V，其电流更是相当大的，如果接触人体后果将不堪设想。如果身体的耐受电压远大于 220 V，那人将可以随便触摸火线，但人体的安全电压值是无法改变的，所以我们若想在带电作业中保持安全，就只能改变人体的对地电阻值。对地电阻值越大，耐受电压值也就越大，所以如果我们站在一个绝缘性能很高、阻值很大的物体上面，那么就提升了人体对地面的耐受电压值，这时的耐受电压值就等于人体的安全电压值再加上绝缘物体的耐受电压值。当这个值远大于 220 V 时，人体就是安全的。

（4）在有粉尘、有毒、易燃、易爆等场所进行作业时，须先了解相关介质的性质和其对人体的危害，并采取有效预防措施。对含有毒等气体的仪表管道进行操作时，须打开通风装置或站在上风口方向，按规定穿戴好劳动防护用品、用具，并实行双人操作制度。

（5）当进入塔、槽等罐内进行作业时应遵守罐内作业安全规定。安全示意如图 1-4 所示。

① 在新建的各种塔、罐内进行施工安装作业时，要采取通风措施，对通风不良以及容积较小的设备，操作人员应实行间歇作业制度。

② 罐内作业是指进入已投入使用的槽、罐、炉、塔、管道、沟道内的作业。在罐内作业前，必须办理罐内安全作业证。

③ 在罐内作业前，须检查设备所在车间是否严格执行切断物料、清洗置换等规定。当物料未切断、清洗置换不合格、行灯不合规定、没有监护人时不得进入施工。

④ 在入罐前 30 分钟内要进行取样分析，毒物含量和含氧量要符合标准，当两次入罐作业之间超过 30 分钟或盲板等环境发生变化时必须重新进行取样分析。

⑤ 在罐内作业时要按设备高度搭设安全梯和架台，配备救护绳索。严禁向罐外投掷材料、工具、器具，以防发生意外。

（6）非专门负责管理的设备，不准随意使用、停止和进行检修作业。

（7）在作业前须仔细检查所使用的维修工具、各类仪器仪表以及设备的性能是否良好，否则不得开始作业。

（8）在检修仪表前，要检查各类安全设施是否良好，否则不得开始检修。

（9）在仪表检修前，应将设备的余压、余料泄尽，切断水、电、气等物料来源，将设备降至常温，并悬挂"正在检修"等标志，在必要时要有专人监护。"正在检修"标志如图 1-5所示。

图 1-4　在罐内作业时应注意安全　　　　　图 1-5　"正在检修"标志

（10）当现场作业需要停表或停送电时必须与操作人员联系，得到允许后才可以进行操作。

（11）在使用电烙铁时不准带电接线，应在焊接好电路后再给电路板送电。严禁在易燃、易爆场所使用易产生火花的电动工具，当必须使用时要先办理动火证。

仪器仪表的使用与操作技巧

（12）仪表及其电气设备均须保持良好的接地状态。常见的机房设备接地排如图1-6所示。

（13）任何仪表和设备在未证实是否通电之前均应按通电情况对待。

（14）仪表、电气及照明等设备的导线不得有破损、漏电等情况。

（15）仪表电源开关与照明或动力电源开关不得共用，在防爆场所中的电气设备必须选用防爆开关。常见的防爆开关如图1-7所示。

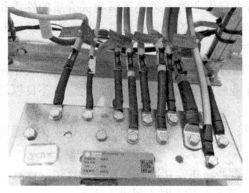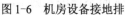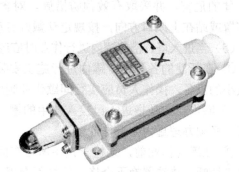

图1-6　机房设备接地排　　　　　　　　图1-7　防爆开关

（16）在向仪表及其附属设备送电前应先检查电源、电压的等级是否与仪表的要求相符合，然后检查仪表及附属设备的绝缘情况，在确认接线正确、接触良好后方可送电。

（17）在仪表和电气设备上严禁放置导体和磁性物品。

（18）在通电后严禁触动变压器上的任何端子。

（19）对现场的仪表、中间接线盒和分线箱等，要做好防水、防潮、防冻、防腐工作，以保证仪表安全运行。某一工地使用的分线箱如图1-8所示。

（20）所使用的电动工具和电气设备必须保持良好的接地状态。严禁将没有插头的导线直接插入插座。

（21）电气设备的供电电压应符合设备要求。如设备在使用中发生故障，应先切断电源，再通知相关人员进行检修，非专业人员不得随意触动。

（22）一切仪表不经仪表负责人同意，不得改变其工作条件，如压力和温度范围等。当有仪表的工作条件发生改变后，须告知仪表负责人进行备案，并在技术档案中进行明确记录。

（23）单管、U型管压力计等设备应妥善保管，防止破碎；在调整内充水银的仪表时，应在远离人员集中的地方进行；应在水银的表面用水或甘油等介质进行密封，防止挥发；禁止用嘴吹或用手直接接触水银；严禁氧气或液氨与水银接触，否则水银将被腐蚀。

（24）在使用水银校验仪表时，应在专用的工作室内进行，室内应保持良好的通风，盛水银的容器应盖严，散落的水银应及时清扫处理，在操作时应穿工作服、戴口罩。常用的水银压力表如图1-9所示。

（25）在高空或易燃易爆等环境中进行作业时，应先关闭取压点和阀门等，严格遵守"高空作业"和"易燃易爆作业"的安全操作规程。

（26）在高温环境中进行作业时，周围必须加设必要的防护隔热设施，以防人体被灼伤。

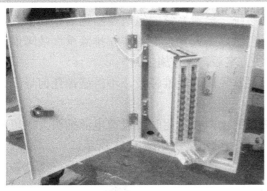

图 1-8　分线箱

图 1-9　水银压力表

（27）不准在仪表室（盘）周围安放对仪表灵敏度有影响的设备、线路和管道等，也不得存放易产生腐蚀性气体的化学物品。

1.2　仪器仪表的维修安全规程

在仪器仪表的维修过程中，一般要注意以下安全规程：

（1）遵守使用仪器仪表的一般安全规程。

（2）对仪表进行检修或排除故障时，要与工艺操作人员密切配合，并落实安全措施。

（3）在维修仪表时，要使用专用工具和专用校验台。某套仪表维修工具如图 1-10 所示。

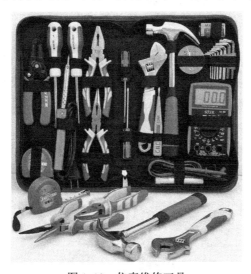

图 1-10　仪表维修工具

（4）在处理自动控制系统的故障时，若有联锁装置必须先将其切除，并将调节器由"自动"挡切换至"手动"挡，但不得将调节器停电或停气，以保障系统能够在手动模式下正常工作。

（5）若能确定故障是出自调节器或仪表本身，应按前项规定让相关人员进行现场手动操作，然后进行故障排除。

（6）维修人员必须对工艺流程、自动系统、检测系统的组成及结构清楚和了解，在处理故障前应确认端子号与图纸全部相符，且做好个人安全准备。在排除重大故障前必须经仪表班长或车间负责人员批准，研究好解决方案后再进行施工。

（7）在维修过程中，必须小心操作、轻拿轻放、轻推轻拉，不得碰掉任何导线、插头或仪表部件。

（8）在使用电烙铁时要将其放在隔热支架上，在不用时要拔掉电源插头。下班前，应切断所有试验装置的电源及其他相关能源。常用的电烙铁如图 1-11 所示。

图 1-11 电烙铁

（9）在拆装仪表的过程中，对各种带压、带料的管线和阀门进行处理时，须先关掉仪表阀门放掉压力、卸尽物料，在拆装时应从侧面进行。在处理现场问题时，所有管线应按有压情况对待。

（10）如发现仪表运行异常，在尚未查出原因时仪表又自行恢复工作，此时必须在查出原因后才可继续投入使用，否则应立即禁用设备。若该仪表直接影响到生产，不能停表，应立刻与生产负责人员及仪表负责人员进行联系。

（11）在检修仪表时要做好仪表的防冻、隔热等工作，防止因仪表受冻、严重发热而造成事故。

（12）若要从电炉中取出物品，必须在停电后进行，且局部照明电压不得超过 36 V。

（13）在检修、拆卸及检查易燃、易爆、有毒介质设备的仪表时必须两人作业，其中一人为安全监护人，并应在对仪表进行清洗或泄压之后再进行相应操作。在动火前，必须先办理动火证。在特殊环境下的两人作业示意如图 1-12 所示。

图 1-12 在特殊环境下的两人作业

（14）在蒸气系统中进行工作时，应防止人体烫伤和仪表过热的情况出现。当与氧气、乙炔接触或在其附近工作时，严禁携带油脂，禁止烟火。

（15）在现场维修工作完毕之后，应恢复原本的管线情况，并完成安全检修工作单。

1.3　仪器仪表的安装安全规程

在仪器仪表的安装过程中，一般要注意以下安全规程：

（1）遵守使用仪器仪表的一般安全规程。

（2）在安装现场仪表时须两人共同作业。

（3）在拆卸有尘粉、有毒、易燃、易爆等含危险介质的仪表时，必须在对其进行清洗、置换、分析后才可施工。

（4）严格执行有关易燃、易爆物品领用和存放的管理规定。

（5）仪表在安装过程中如果需要使用机械设备、焊接设备及风动、电动工具，应遵守相关设备的安全技术操作规程。

（6）仪表在安装就位后应立即紧固基础螺栓，防止倾倒。当多台仪表并列就位时，手指不得放在连接处。仪表的安装示意如图 1-13 所示。

图 1-13　仪表的安装

（7）在电炉、烘箱及其他加热设备的周围严禁堆放易燃、易爆物品。在使用油浴设备时，应先确认自动温度调节器正常可靠，加热温度不准超过所用油的燃点。在加热时不准打开设备的上盖，防止烫伤。在夜间作业时须由两人共同进行。

（8）校验仪表所使用的交直流电源及电压等级应有明确标志。电气绝缘电阻不应小于 20 MΩ。电源及其他布线应符合仪表的图纸要求，不得随意更改，若确实需要更改，要先经主管部门同意。

（9）电气设备严禁安装在阀门和管线下面，防止因液体滴漏而损坏设备。

（10）严禁在仪表上放置工具等物件。在用开孔锯进行开孔时，不得有人靠近。

（11）在高空进行安装作业时，必须搭设架子或平台，不准坐在管道上开孔和锯管。禁止在已通介质及带压力的管道上开孔。高空作业示意如图 1-14 所示。

图 1-14 高空作业

（12）在施放电缆时，支架要稳固，转动要灵活，防止脱杠和倾倒，木轴筒上的钉要打弯或拔掉。在转弯处作业时，操作人员应站在外侧，防止挤伤。

（13）在使用前应对仪表进行二次调校及系统试验，并应对信号、联锁装置进行通电试验。

（14）仪表在安装竣工后，应根据有关规程和设计要求，在检查合格后方可对其进行联动调试。当全部仪表及自动控制装置试验合格后，未经验收批准，严禁随意动用。

1.4 仪器仪表的校验安全规程

在仪器仪表的校验过程中，一般要注意以下安全规程：

（1）遵守使用仪器仪表的一般安全规程。

（2）必须在熟悉所检验仪表的使用说明、原理和性能后再进行操作。

（3）使用振动台、烘箱、低温物品或其他设备做有关性能的试验时，应遵守该设备的安全技术操作规程。在试验时须集中精力，不得擅自离开，应随时观察试验情况并做好记录。

（4）在使用油料或其他溶剂清洗仪表零件时要打开通风设备，严禁明火作业，并应注意周围环境。在作业结束前，操作人员不得离开。在作业结束后，剩余的溶剂要封装好，并按易燃、易爆物品管理的规定存放和管理。

（5）不许使用电炉、烘箱加温油料等易燃品。电热设备应由专人负责管理。

（6）在校验前应按接线图表仔细核对原理图及其他资料，在查明各处无误后方可开始校验。

（7）任何经过校验的仪表，必须张贴检修合格证，并做好校验记录，否则禁止投入使用。

（8）停止运转的仪表或现场仪表若须拆除，必须由生产车间记录在案，以防操作工因误操作而造成事故。

（9）当仪表所带电源超过安全电压时，在使用仪表的过程中须有严格的绝缘措施。

（10）在检查仪表的耐压或真空等性能前，要仔细观察和检查相关设备。耐压试验场地需要设置防护隔板或护栏，以防发生事故。

课堂任务 1

1. 说出在图 1-15 中常见安全图标的含义。

　（a）　　　　　（b）　　　　　（c）　　　　　（d）

图 1-15　常见安全图标

2. 说出 5 条以上在使用仪器仪表时需要注意的一般安全规程。

 扫一扫看工程安全施工练习题

第2章

万用表的原理与操作

教学内容

1. 万用表的种类。
2. 万用表的功能。
3. 万用表的应用操作。

技能要求

1. 熟悉万用表的操作规程。
2. 能根据实际需要正确选择测量挡位。
3. 能正确测量电路的电流、电压、电阻值。
4. 能正确测量导线的通断情况。
5. 能正确测量零线与火线。

 扫一扫看万用表、函数信号发生器、示波器电子教案

 扫一扫看万用表的认识及使用教学课件

 扫一扫下载万用表、OTDR、GPS测量仪等设备图片

2.1 万用表的工作原理

 扫一扫看万
用表的使用
教学视频

 扫一扫看万
用表的使用
微课视频

万用表又叫多用表、复用电表，它是一种可测量多种电学参量的多量程便携式仪表，按种类可主要分为指针式万用表和数字式万用表。指针式万用表又称模拟式万用表或机械表，其结构简单、读数方便，能直观地反映被测量的变化过程和趋势。数字式万用表是用数字直接显示被测量，不能反映出被测量的变化过程和趋势，且价格相对较高。

指针式万用表的基本工作原理是以一只灵敏的磁电式直流电流表为表头，当微小电流通过表头时，就会出现电流指示。但因表头不能通过大电流，所以，必须在表头上并联与串联一些电阻对其进行分流或降压，从而达到测量电路电流、电压和电阻的目的，下文将对此分别进行介绍。

1. 测直流电流的原理

如图 2-1（a）所示，在表头上并联一个适当阻值的电阻（分流电阻）对电路进行分流，就可以扩展万用表的电流量程。改变分流电阻的阻值，就能改变电流的测量范围。

2. 测直流电压的原理

如图 2-1（b）所示，在表头上串联一个适当阻值的电阻（降压电阻）对电路进行降压，就可以扩展万用表的电压量程。改变降压电阻的阻值，就能改变电压的测量范围。

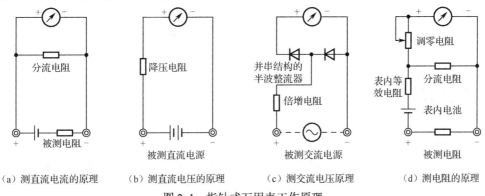

（a）测直流电流的原理　（b）测直流电压的原理　（c）测交流电压原理　（d）测电阻的原理

图 2-1　指针式万用表工作原理

3. 测交流电压的原理

如图 2-1（c）所示，因为万用表是直流表，所以在测量交流电压时，须加装一个并串结构的半波整流电路，将交流电通过整流变为直流电后再通过表头，这样就可以根据直流电压的大小来测量交流电压。扩展万用表交流电压量程的方法与扩展其直流电压量程的方法类似。

4. 测电阻的原理

如图 2-1（d）所示，在表头上并联和串联一个分流电阻，同时串联一节电池，使电流通过被测电阻，这时根据电流的大小可以测量出电阻的阻值。改变分流电阻的阻值，就能改变万用表的电阻量程。

5. 数字万用表的工作原理

数字万用表是由数字电压表（DVM）配上各种转换器所构成的，因此具有测量交直流电压、交直流电流、电阻和电容等多种功能。

数字万用表的工作原理如图 2-2 所示，它分为输入与转换部分、A/D 转换器（模拟数字转换器）部分和显示部分。输入与转换部分主要是由电压电流转换器（V/I）、交直流转换器（AC/DC）、电阻电压转换器（R/V）、电容电压转换器（C/V）组成。在测量时，输入与转换部分先将各测量量转换成直流电压量，再通过量程旋转开关，将其经放大或衰减电路送入 A/D 转换器进行测量。数字万用表的 A/D 转换器的电路部分与显示部分分别由 ICL7106 数模转换芯片和 LCD 液晶显示器构成。

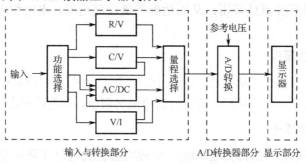

图 2-2　数字万用表的工作原理

数字万用表以直流电压 200 mV 作为基本量程，在配接与其呈线性变换的直流电压、直流电流、交流电压、交流电流、电阻转换器、电容转换器后便能将对应的电学参量用数字显示出来。

2.2　万用表的结构

华谊 PM18 型万用表主要由显示器、hFE 测试插孔、旋转开关、按键等部分构成，万用表的结构如图 2-3 所示，万用表各挡位说明如图 2-4 所示，万用表输入插座说明如图 2-5 所示。

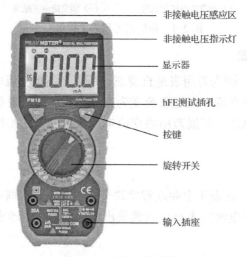

图 2-3　万用表的结构

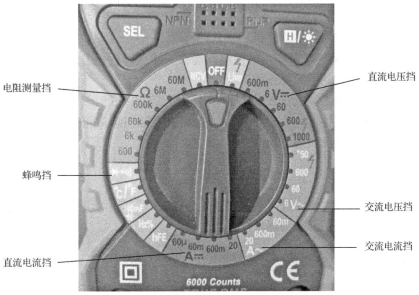

电阻测量挡

直流电压挡

蜂鸣挡

交流电压挡

直流电流挡

交流电流挡

图 2-4　万用表各挡位说明

大电流测量
红表笔插孔
（20 A端口）

电压、电阻测量
红表笔插孔
（电压、电阻、
二极管通断端口）

小电流测量
红表笔插孔
（μA、mA端口）

黑表笔插孔
（COM端口）

图 2-5　万用表输入插座说明

2.3　万用表的操作

扫一扫看万
用表的操作
微课视频

2.3.1　常规操作

1. 读数保持模式

读数保持模式可以将万用表在某一刻的读数保持在显示器上，改变测量功能挡位或再按一次"HOLD"键都可以退出读数保持模式。

进入和退出读数保持模式的操作如下：

（1）按一次"HOLD"键，读数将被保持且在液晶显示器上会显示"H"符号。

（2）再按一次"HOLD"键，仪表恢复到正常的测量状态。

2. 背光及照明灯功能

该仪表设有背光及照明灯功能，以便用户能在光线较暗的地方准确地读取测量结果。开启或关闭背光及照明灯功能的操作如下：

（1）按下☀键并保持时间大于 5 秒，开启背光及照明灯功能。

（2）再按下☀键并保持时间大于 5 秒，关闭背光及照明灯功能；如不进行操作，约 15 秒钟后仪表自动关闭背光及照明灯功能。

3. 自动关机功能

开机约 15 分钟后若无任何操作，仪表会发出"滴滴"提示音并自动切断电源，进入休眠状态。在休眠状态下按任何按键都可以重新开机。

4. 注意事项

（1）在测试前，应将旋转开关放置于所需量程上，并注意指针的位置，如图 2-6 所示。

（2）在测量过程中，如需换挡或改变指针位置，必须先将两支表笔从测量物体上移开，再进行相应操作。

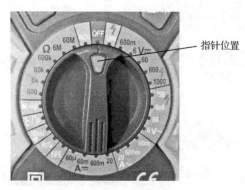

指针位置

图 2-6　合适量程的选择

2.3.2　测量交流和直流电压

本仪表的直流电压量程为 600 mV、6 V、60 V、600 V 和 1000 V；交流电压量程为 6 V、60 V、600 V 和 750 V。测量交流和直流电压的操作流程为：

（1）将旋转开关选择至V～（交流）或者V⎓（直流）挡，并选择合适的量程。

（2）挡位旁的数字代表该挡位的最大量程，比如在测量交流电压时，该旋转开关选择的挡位为交流电 60 V，也就是说万用表在该挡位下最大只能测量电压值为 60 V 的交流电压。

（3）注意表笔的插入位置，将红表笔插入电压、电阻、二极管通断端口，黑表笔插入COM 端口，使万用表与被测电路或负载并联。

（4）读出在显示器上的数值。在测量直流电压时，显示器会同时显示红色表笔所连接的电压极性。

2.3.3　测量电阻

本仪表的电阻量程为 600 Ω、6 kΩ、60 kΩ、600 kΩ、6 MΩ、60 MΩ，测量电阻的操作流程为：

（1）将旋转开关选择至 Ω（电阻）挡，并选择合适的量程。

（2）挡位旁的数字代表该挡位的最大量程，比如在测量电阻时，该旋转开关选择的挡位为 60 kΩ，也就是说万用表在该挡位下最大只能测量阻值为 60 kΩ 的电阻。

（3）将红表笔插入电压、电阻、二极管通断端口，黑表笔插入 COM 端口，使万用表与被测电路或负载串联。

（4）读出在显示器上的数值，在查看读数时，应确认读数的测量单位（Ω、kΩ、MΩ）。

※注：（1）测量得出的电阻阻值通常会和电阻的额定值有所不同。

（2）在测量低阻值电阻时，为了保持测量准确，应先将两表笔短路并读出测得的电阻阻值，并在测量被测电阻后再减去该电阻阻值。

（3）在使用 60 MΩ 挡位测量时，要等待几秒钟后读数才能稳定，这对于高阻值电阻的测量来说是正常现象。

（4）当仪表处于开路状态时，显示器将显示 "OL" 字样，表示测量值超出量程范围。

2.3.4　测量交流和直流电流

本仪表的直流电流量程为 60 μA、60 mA、600 mA 和 20 A；交流电流量程为 60 mA、600 mA 和 20 A。测量交流和直流电流的操作流程为：

（1）在测量前断开电路。

（2）将红表笔插入 "mA"（用于测试小电流）或者 "20 A"（用于测试大电流）端口，黑表笔插入 COM 端口；挡位旁的数字代表该挡位的最大量程，比如该旋转开关选择的挡位为直流电 20 A，也就是说万用表在该挡位下只能测试最大电流为 20 A 的直流电流，应根据需要选择合适的量程。

（3）将数字万用表串联到被测线路中，接通电路，被测线路的电流会从一端流入红表笔，经万用表的黑表笔流出，再流入被测线路。

（4）读出在显示器上的数值。

※注：若不清楚电流大小，应先用最高挡位进行测量，再逐渐降低挡位。

2.3.5　蜂鸣通断测试

蜂鸣通断测试的操作流程为：

（1）将旋转开关选择至 ⊶))（蜂鸣）挡。

（2）将红表笔插入电压、电阻、二极管通断端口，黑表笔插入 COM 端口，使万用表与被测导线串联。

（3）若万用表发出蜂鸣声，则说明导线导通，若没有发出声音，则说明导线断路。此功能主要用于电缆编序试验项目。

2.3.6 火线测试

火线测试示意如图 2-7 所示，操作流程为：

（1）将旋转开关选择至交流电压 600 V 挡位。

（2）将红表笔插入电压、电阻、二极管通断端口，黑表笔插入 COM 端口。

（3）在三孔插座中，左孔连接的是零线（N），上孔连接的是地线（E），右孔连接的是火线（L）。在火线测试中，黑表笔接零线，红表笔接火线。在正常情况下，测试值为 220 V 左右；若没有测量值，应检查插座是否通电；若测量值低于 5 V，则说明火线和零线接反了。

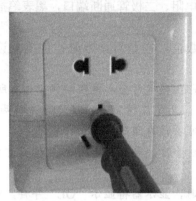

图 2-7　火线测试

课堂任务 2

1．测量给定电路板上的 3 个电阻的阻值，多次测量求平均值并记录。

2．测量直流稳压电源的电压值，测量 3 组数据并记录。

3．测量交流电压电源的电压值，测量 3 组数据并记录。

4．测量给定电路的电流值并记录。

5．使用万用表测量导线是否导通。

6．使用万用表进行火线测试。

第3章

函数信号发生器的原理与操作

 扫一扫看函数信号发生器的使用教学课件

 扫一扫看函数信号发生器的使用微课视频

 扫一扫看函数信号发生器和示波器的教学视频

在电子工程、通信工程、自动控制、遥测控制、仪器仪表测量和计算机等技术领域中，经常会用到各种各样的信号发生器。随着集成电路的迅速发展，如今可以很方便地通过集成电路构成各种类型的信号发生器。用集成电路实现的信号发生器与其他的信号发生器相比，其波形质量、幅度和频率稳定性等性能指标都有了很大的提高。信号发生器又称信号源或振荡器，在生产实践和科技领域中有着广泛的应用。

3.1 函数信号发生器的原理

函数信号发生器是一种信号发生装置，它能产生某些特定的周期性函数波形（正弦波、方波、三角波、锯齿波和脉冲波等）信号，其频率范围可从几微赫到几十兆赫。除了在通信、仪表和自动控制等领域的系统测试中非常常见，还被广泛地应用于其他非电测量的领域。

1. 函数信号发生器的组成

函数信号发生器主要由密勒积分器、施密特触发器、运算放大器和二极管整形网络几部分组成，函数信号发生器原理图如图 3-1 所示。

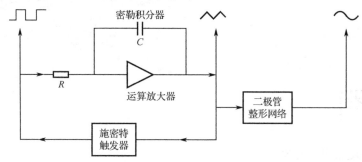

图 3-1　函数信号发生器原理图

2. 函数信号发生器的工作模式

当输入端输入小信号正弦波时，该信号分成两路进行传输，其中一路为回路，用来完成倍压整流功能，提供工作电源；信号从另一路进入反相器的输入端进行电容耦合，完成信号放大功能。该放大信号经后级供电的门电路处理，变成方波后进行输出，输出端的电阻为可调电阻。

3. 函数信号发生器的工作流程

首先，函数信号发生器的主振级产生低频正弦振荡信号，该信号经过电压放大器进行放大，放大的倍数必须达到电压输出幅度的要求，然后通过输出衰减器输出函数信号发生器实际可以输出的电压，输出电压的大小可以通过主振输出调节电位器进行调节。

3.2 信号发生器的分类

1. 根据用途分类

信号发生器按用途可以分为通用信号发生器和专用信号发生器两大类。

通用信号发生器包括正弦信号发生器、脉冲信号发生器、函数信号发生器；专用信号发生器主要是为了某种特殊的测量目的而被研制的，其包括电视信号发生器、脉冲编码信号发生器等，这类信号发生器的特性是受测量对象制约的。

2. 根据输出波形分类

信号发生器按输出波形可以分为正弦信号发生器、脉冲信号发生器、函数信号发生器和任意波信号发生器等。

3. 根据产生频率分类

信号发生器可将其产生频率的方法分为谐振法和合成法两种。

一般传统的信号发生器采用谐振法产生频率，即使用具有频率选择性的电路来产生正弦波振荡，以获得所需频率信号。合成法是通过频率合成技术来获得所需频率信号，使用这种技术制成的信号发生器，通常被称为合成信号发生器。

3.3 EE1411 型合成函数信号发生器

扫一扫看函数信号发生器的使用操作视频

3.3.1 操作面板

EE1411 型合成函数信号发生器的电源开关、功能选择区、数字选择区、数字输入旋转器和信号输出接口分别如图 3-2、图 3-3、图 3-4、图 3-5 所示。

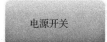
电源开关　　　　　　按下开关开启电源

图 3-2　电源开关

功能选择区　　在对信号进行设置时，应先按下相应的功能键，如波形、频率、幅度、直流偏置键等

图 3-3　功能选择区

数字选择区	输入信号的参数值（先按 数字，再按单位）

图 3-4　数字选择区

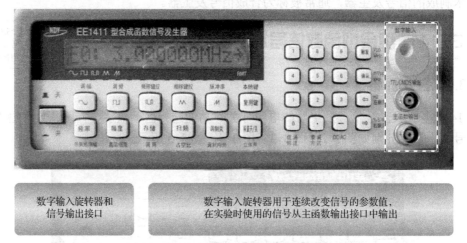

数字输入旋转器和 信号输出接口	数字输入旋转器用于连续改变信号的参数值， 在实验时使用的信号从主函数输出接口中输出

图 3-5　数字输入旋转器和信号输出接口

3.3.2　功能操作

开机后，机器的初始信号为正弦波，频率为 3 MHz、幅度为 1 V_{pp}（峰峰值）、无调制状态，正弦波信号图例如图 3-6 所示，通过显示器，我们来看一看它表示的含义。

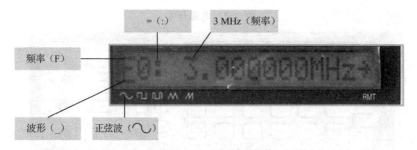

图 3-6　正弦波信号图例

按下幅度功能按钮，显示器将显示初始信号的信号幅度，信号幅度图例如图 3-7 所示。

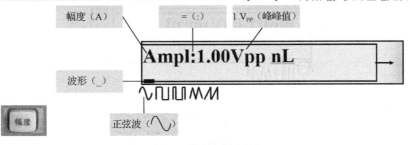

图 3-7　信号幅度图例

1. 选择波形

按下波形功能按钮，显示器将通过下画线的方式显示当前波形，波形的选择（正弦波）如图 3-8 所示。

图 3-8　波形的选择（正弦波）

2. 选择频率

按下频率功能按钮，在数字选择区输入频率值，在输入时注意先输入数字后输入单位，频率的选择如图 3-9 所示，图中的输出频率为 3 MHz。

图 3-9　频率的选择

3. 选择幅度

按下幅度功能按钮，在数字选择区中依次输入幅度值，在输入时注意先输入数字后输入单位，幅度的选择如图 3-10 所示，图中的输出幅度为 $1\ V_{pp}$。

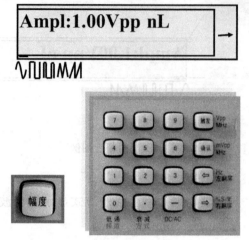

图 3-10　幅度的选择

3.4　UTG6005L 型函数/任意波形发生器

UTG6005L 型函数/任意波形发生器是一款集函数发生器、任意波形发生器、噪声发生器、脉冲发生器、谐波发生器、模拟/数字调制器、频率计的功能于一身的多功能信号发生器，UTG6005L 型函数/任意波形发生器如图 3-11 所示。

图 3-11　UTG6005L 型函数/任意波形发生器

※注：输出连接器须配合输出控制器使用，仅当控制器打开时，输出端才有输出电压。

课堂任务 3

1. 输出简单波形信号。

请按以下操作步骤进行操作，完成例 1 和例 2，UTG6005L 型函数/任意波形发生器界面如图 3-12 所示。

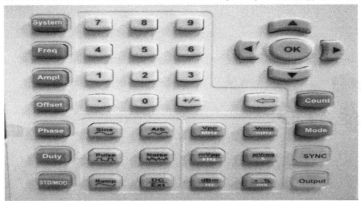

图 3-12　UTG6005L 型函数/任意波形发生器界面

（1）调整频率：按 Freq 按钮使屏幕显示"××kHz"，输入数字，再按单位键。

（2）调整幅度：按 Ampl 按钮后输入数字，再按单位键。

（3）选择波形：按 Sine 按钮后选择波形。

（4）按 Output 按钮输出波形。

例 1：输出频率为 1 MHz，峰峰值为 4 V_{pp} 的正弦波。

例 2：输出频率为 5.8 kHz，峰峰值为 4.6 V_{pp} 的方波。

2．增加直流偏置。

请按以下操作步骤进行操作，完成例 3。

（1）按 Offset 按钮增加直流偏置。

（2）按下数字键，输入直流偏置值。

例 3：输出频率为 3.2 kHz，电压有效值为 6.9 V，直流偏置值为 0.5 V 的正弦波。

第4章

示波器的功能与操作

教学内容

1. 示波器的基本功能。
2. 常见信号波形的输出。
3. 信号电压峰峰值的测量。

技能要求

1. 掌握示波器的基本功能。
2. 能够完成常见信号波形的输出。
3. 学会测量信号电压的峰峰值。

 扫一扫看示波
器的功能与操
作教学课件

 扫一扫看示波
器的使用微课
视频

示波器是在通信领域中常用的仪器之一，它的主要功能为：精确地显示时间和电压幅度的函数波形。它可以即时地反映出电压幅度相对于时间的变化情况，从而获得波形的相关信息，如幅度、频率，以及在不同波形中时间和相位的关系等。本章内容将对示波器的功能和基本操作进行介绍，同时也会介绍如何输出常见的信号波形及测量信号电压的峰峰值。

4.1　示波器的基本功能与校正

示波器由显示区和功能按键区两大部分构成，示波器显示区如图 4-1 所示。

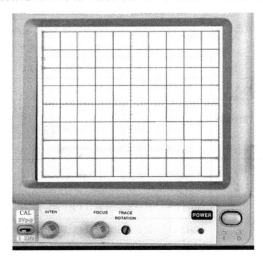

图 4-1　示波器显示区

示波器的主要功能大致可以分为垂直偏向功能、水平偏向功能和触发功能 3 种，示波器功能按键区如图 4-2 所示。

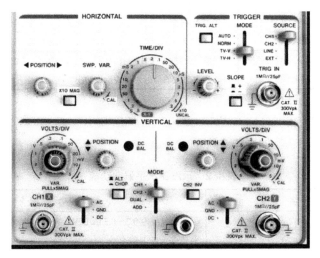

图 4-2　示波器功能按键区

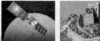

仪器仪表的使用与操作技巧

4.1.1　示波器主要功能

1. 垂直偏向功能

示波器的垂直偏向功能如表 4-1 所示。

表 4-1　示波器的垂直偏向功能

按钮/端子	名　　称	功　　能	
VOLTS/DIV	垂直幅度衰减选择钮	通过此钮选择 CH1 及 CH2 的输入信号衰减幅度，范围为 5 mV/DIV～5 V/DIV，共 10 挡	
AC-GND-DC	输入信号耦合选择按键组	AC	垂直输入信号电容耦合，截止直流或极低频信号的输入
		GND	在选择此功能时将隔离信号输入，并将垂直幅度衰减器的输入端接地，使之产生一个零电压参考信号
		DC	垂直输入信号直流耦合，将 AC 与 DC 信号一起输入放大器
CH1（X）	CH1 的垂直输入端	在 X-Y 模式中，为 X 轴的信号输入端	
VAR.PULL×5MAG	灵敏度微调控制旋钮	该旋钮至少须调到显示值的 1/2.5。在 CAL 位置时，灵敏度即为挡位显示值；当此旋钮拉出至（×5 MAG 状态）时，垂直放大器灵敏度变为原来的 5 倍	
CH2（Y）	CH2 的垂直输入端	在 X-Y 模式中，为 Y 轴的信号输入端	
POSITION	轨迹及光点的垂直位置调整钮	调整轨迹及光点的垂直位置	
VERTICAL MODE	CH1 及 CH2 垂直操作模式选择器	CH1	设定本示波器以 CH1 单一频道方式工作
		CH2	设定本示波器以 CH2 单一频道方式工作
		DUAL	设定本示波器以 CH1 及 CH2 双频道方式工作，此时可通过 ALT/CHOP 按键切换模式来显示两轨迹
		ADD	当 CH2 INV 键为默认状态时，显示 CH1 及 CH2 的相加信号；当 CH2 INV 键为按下状态时，即可显示 CH1 及 CH2 的相减信号
ALT/CHOP	交替/断续选择按键	在处于双频道模式时，松开此键（ALT 模式），CH1 和 CH2 输入信号的轨迹将以交替扫描方式轮流显示。在处于双轨迹模式时，按下此键（CHOP 模式），CH1 和 CH2 输入信号将以断续方式进行显示	
CH2 INV	CH2 输入信号极性反相按键	在按下此键时，CH2 的信号将会被反相输出。CH2 在 ADD 模式下输入信号时，CH2 触发的信号也会被反相输出	

2. 水平偏向功能

示波器的水平偏向功能如表 4-2 所示。

表 4-2　示波器水平偏向功能

按钮/端子	名　　称	功　　能
TIME/DIV	扫描时间选择钮	扫描范围为 0.2～0.5 μs/DIV，共 20 个挡位；当选择至 X-Y 挡时，示波器进入 X-Y 模式
SWP.VAR.	扫描时间的可变控制旋钮	若按下此控制旋钮的同时旋转该钮，扫描时间可至少延长为指示数值的 2.5 倍；若未按下控制旋钮，指示数值将被校准

续表

按钮/端子	名　称	功　能
×10 MAG	水平放大键	按下此键可将示波器的扫描速度放大 10 倍，波形将在水平方向上被放大 10 倍
◀ POSITION ▶	轨迹及光点的水平位置调整钮	通过此钮可调整轨迹及光点的水平位置

3. 触发功能

示波器的触发功能如表 4-3 所示。

表 4-3 示波器的触发功能

按钮/端子	名　称		功　能
SLOPE	触发斜率选择键	+	在凸起时为正斜率触发功能，当信号正向通过触发准位时进行触发
		−	在压下时为负斜率触发功能，当信号负向通过触发准位时进行触发
TRIG-IN	TRIG-IN 输入端子		此端子可输入外部触发信号。在使用此端子前，须先将 SOURCE 选择器置于 EXT 位置
TRIG. ALT	触发源交替设定键		当 VERTICAL MODE 选择器在 DUAL 或 ADD 位置，且 SOURCE 选择器在 CH1 或 CH2 位置时，按下此键，本仪器将自动设定 CH1 与 CH2 的输入信号并以交替的方式轮流作为内部触发信号源
SOURCE	触发信号源选择器	CH1	当 VERTICAL MODE 选择器在 DUAL 或 ADD 位置时，以 CH1 输入端的信号作为内部触发源
		CH2	当 VERTICAL MODE 选择器在 DUAL 或 ADD 位置时，以 CH2 输入端的信号作为内部触发源
		LINE	选择交流电源作为触发信号
		EXT	将 TRIG-IN 端子输入的信号作为外部触发信号源
TRIGGER MODE	触发模式选择开关	AUTO	当没有触发信号或触发信号的频率小于 25 Hz 时，扫描会自动产生
		NORM	当没有触发信号时，扫描将处于预备状态，屏幕上不会显示任何轨迹。本功能主要用于观察频率小于等于 25 Hz 的信号
		TV-V	用于观测在电视信号中的垂直画面信号
		TV-H	用于观测在电视信号中的水平画面信号
LEVEL	触发准位调整钮		旋转此钮将同步波形，并设定该波形的起始点。将旋钮向"+"方向旋转，触发准位会向上移；将旋钮向"−"方向旋转，触发准位会向下移

4. X-Y 模式操作说明

将"TIME/DIV"旋钮调至 X-Y 模式，本仪器便可作为 X-Y 示波器，其输入端关系如表 4-4 所示。

表 4-4 输入端关系

信　号　类　型	输入端类型
X 轴（水平轴）信号	CH1 输入端
Y 轴（垂直轴）信号	CH2 输入端

X-Y 模式可以使示波器在无扫描的情况下进行较多的测量应用，能够使仪器显示 X 轴

（水平轴）与 Y 轴（垂直轴）两端的输入电压，就如同向量示波器可以显示影像彩色条状图形一般。假如能够利用转换器将任何特性（频率、温度、速度等）转换为电压信号，那么在 X-Y 模式下，示波器几乎可以显示任何动态特性的曲线图形。但请注意，当示波器应用于频率响应测量时，Y 轴必须设置为信号峰峰值，而 X 轴必须设置为频率值。

4.1.2　探棒校正

探棒会造成较大范围的信号衰减，因此，如果没有适当的相位补偿，所显示的波形可能会因为失真而造成测量错误。在使用探棒之前，请按照下列步骤进行相位补偿，如图 4-3 所示。

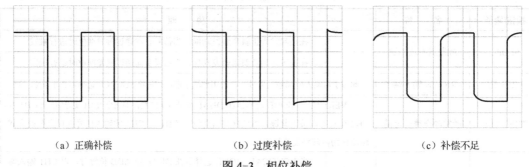

（a）正确补偿　　　　　　　　（b）过度补偿　　　　　　　　（c）补偿不足

图 4-3　相位补偿

具体步骤如下：

（1）将探棒的 BNC 接头连接至示波器 CH1 或 CH2 的输入端，并将探棒上的开关置于 ×10 位置。

（2）将 VOLTS/DIV 钮旋转至 50 mV 位置。

（3）将探棒连接至校正电压输出端 CAL 处。

（4）调整探棒上的补偿螺丝，直到示波器出现最佳、最平坦的方波为止。

4.2　示波器操作步骤

扫一扫看示波器的操作微课视频

4.2.1　单频道基本操作法

在连接电源插头之前，请务必确认电源电压选择器已调至适当的位置。确认之后，请按照面板按键说明依次设定各旋钮及按键，如表 4-5 所示。

表 4-5　面板按键说明

项　目	设　定	项　目	设　定
POWER	OFF 状态	AC-GND-DC	GND
INTEN	中央位置	SOURCE	CH1
FOCUS	中央位置	SLOPE	凸起（+斜率）
VERTICAL MODE	CH1	TRIGALT	凸起
ALT/CHOP	凸起（ALT）	TRIGGER MODE	AUTO

续表

项　目	设　定	项　目	设　定
CH2 INV	凸起	TIME/DIV	0.5ms/DIV
POSITION⬍	中央位置	SWP.VAR.	顺时针转到 CAL 位置
VOLTS/DIV	0.5V/DIV	◂ POSITION ▸	中央位置
×10 MAG	凸起		

设定完成后，请接通电源，继续进行下列步骤：

（1）按下电源开关，并确认电源指示灯亮起。约在 20 秒钟后显示屏上应出现一条轨迹，若在 60 秒钟后仍未有轨迹出现，请检查上列各项设定是否正确。

（2）转动 INTEN 及 FOCUS 钮，调整出适当的轨迹亮度及清晰度。

（3）调节 CH1 POSITION 和 TRACE ROTATION 钮，使轨迹与中央水平刻度线平行。

（4）先将探棒连接 CH1 输入端，再将探棒连接 2 V_{pp} 校准信号端子。

（5）将 AC–GND–DC 钮置于 AC 位置，此时，显示屏上会显示单频道输出波形，如图 4-4 所示。

（6）调整 FOCUS 钮，使轨迹更加清晰。

（7）若想观察细微部分，可通过调整 VOLTS/DIV 和 TIME/DIV 钮显示更加清晰的波形。

（8）调整 POSITION⬍ 及 ◂ POSITION ▸ 钮，使波形与刻度线齐平，并使电压峰峰值（V_{pp}）及周期（T）易于读取。

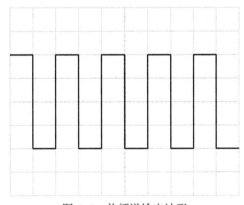

图 4-4　单频道输出波形

4.2.2　双频道基本操作法

双频道操作法与单频道操作的步骤大致相同，仅须按照下列说明略做修改：

（1）将 VERTICAL MODE 钮置于 DUAL 位置。此时，显示屏上应有两条扫描线，CH1 的轨迹为校准信号的方波；CH2 因尚未连接信号，轨迹呈一条直线。

（2）将探棒连接 CH2 输入端，并将探棒连接 2 V_{pp} 校准信号端子。

（3）将 AC–GND–DC 钮置于 AC 位置，调整 POSITION⬍ 钮，使双频道输出波形如图 4-5 所示。

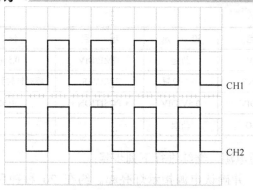

图 4-5 双频道输出波形

当 ALT/CHOP 钮凸起，仪器处于 ALT 模式时，CH1 和 CH2 的输入信号将以交替扫描方式轮流显示，一般使用于较快扫描速度的挡位；当按下 ALT/CHOP 键，处于 CHOP 模式时，CH1 和 CH2 的输入信号将以频率大约 250 kHz 的断续方式显示在屏幕上，一般使用于较慢扫描速度的挡位。在双轨迹（DUAL 或 ADD）模式中操作时，SOURCE 钮必须拨向 CH1 或 CH2 位置，选择其中之一作为触发源。若 CH1 及 CH2 的信号同步，两者的波形都是稳定的；若信号不同步，则仅选择器设定触发源的波形是稳定的，此时，若按下 TRIG.ALT 键，两个波形都将同步稳定地显示。

4.2.3 ADD 操作

将 MODE 钮置于 ADD 位置时，将显示 CH1 和 CH2 的信号之和；按下 CH2 INV 键后，将显示 CH1 和 CH2 的信号之差。为获得正确的计算结果，在操作前应先通过 VAR.PULL×5MAG 钮将两个频道的精确度调成一致。任意频道的 POSITION⇳钮均可调整波形的垂直位置，但为了维持垂直放大器的线性特征，最好将两个旋钮都置于中央位置。

4.2.4 触发操作

触发操作是在操作示波器时相当重要的内容，请依照下列步骤仔细进行。

1. MODE（触发模式）操作

触发模式分为"AUTO""NORM""TV-V""TV-H" 4 种模式。在"AUTO"模式时，即使没有输入触发信号，仪器也会自动产生扫描线；在"NORM"模式时，在有输入触发信号的情况下，仪器会产生扫描线；"TV-V"模式为垂直图场观测模式，"TV-H"模式为水平图场观测模式。触发模式功能说明表如图 4-6 所示。

表 4-6 触发模式功能说明表

名　称	功　能
AUTO	当 TRIGGER MODE 钮在 AUTO 位置时，示波器将以自动扫描的方式进行操作。在这种模式之下即使没有输入触发信号，扫描产生器仍会自动产生扫描线，在输入触发信号后，仪器将自动进入触发扫描模式进行工作。一般来说，在初次设定面板时，AUTO 模式可以轻易地得到扫描线。在设定完成后，可通过将 TRIGGER MODE 钮设定至 NORM 位置来获得更高的灵敏度。AUTO 模式一般用于直流测量以及信号振幅低到无法触发扫描的情况下使用

续表

名　称	功　能
NORM	当 TRIGGER MODE 钮在 NORM 位置时，示波器将以正常扫描的方式进行操作，在输入触发信号并调整 TRIGGER LEVEL 钮通过触发准位时，将产生一次扫描线；若没有输入触发信号，将不会产生扫描线。在双轨迹操作时，若同时设定 TRIG.ALT 及 NORM 扫描模式，除非 CH1 及 CH2 均被触发，否则不会有扫描线产生
TV-V	当 TRIGGER MODE 钮在 TV-V 位置时，将触发 TV 垂直同步脉冲以便于观测 TV 垂直图场或图框的电视复合影像信号。当水平扫描时间设定为 2 ms/DIV 时适合观测影像图场信号，水平扫描时间设定为 5 ms/DIV 时适合观测一个完整的影像图框（两个交叉图场）
TV-H	当 TRIGGER MODE 钮在 TV-H 位置时，将触发 TV 水平同步脉冲以便于观测 TV 水平线的电视复合影像信号。水平扫描时间一般设定为 10 μs/DIV，并可通过转动 SWP.VAR.控制钮来显示更多的水平线波形

2. TRIGGER LEVEL（触发准位）及 SLOPE（斜率）操作

TRIGGER LEVEL 旋钮可用来调整触发准位以显示稳定的波形。当触发信号通过所设定的触发准位时将会触发扫描，并在屏幕上显示波形。将旋钮向"+"方向旋转，触发准位会向上移动；将旋钮向"−"方向旋转，触发准位会向下移动；当旋钮转至中央时，则触发准位大约会在中间位置。调整 TRIGGER LEVEL 旋钮可以将在波形中的任何一点设定为扫描线的起始点，以正弦波为例，可以通过调整起始点来改变波形的相位。但请注意，假如转动 TRIGGER LEVEL 旋钮超出"+"或"−"的设定值，在 NORM 触发模式下将不会有扫描线出现，因为触发准位已经超出了同步信号的峰值电压。当 SLOPE 旋钮设定在"+"位置时，扫描线将在通过触发准位时在触发同步信号的正斜率方向上出现，当 SLOPE 旋钮设定在"−"位置时，扫描线将在通过触发准位时在触发同步信号的负斜率方向上出现。

3. TRIG.ALT（交替触发）操作

TRIG.ALT 设定键一般使用于双波形并以交替模式进行显示时，该功能可以通过交替同步触发来产生稳定的波形。在此模式下，CH1 与 CH2 会轮流作为触发源信号产生扫描。此项功能非常适合用来比较不同信号源周期或频率间的关系，但要注意，此功能不能用来测量相位或时间差。当示波器在 CHOP 模式时，禁止按下 TRIG.ALT 键，并应切换至 ALT 模式或选择 CH1 与 CH2 作为触发源。

4.2.5　TIME/DIV 操作

此旋钮可用来控制所要显示波形的周期数，假如所显示的波形太过于密集，则可将此旋钮旋转至较快扫描速度的挡位；假如所显示的波形太过于稀疏，或呈一直线，则可将此旋钮旋转至较低扫描速度的挡位，以显示完整的周期波形。

4.2.6　扫描放大

若想将波形的某一部分放大，则需要使用较快扫描速度的挡位，然而，如果在放大部分中包含了扫描的起始点，则该部分将会超出显示屏。在这种情况下，按下×10 MAG 键，即可以屏幕中央作为放大中心，将波形在水平方向上放大 10 倍。

课堂任务 4

1. 使用函数信号发生器输出频率为 2 MHz，峰峰值为 3 V_{pp} 的正弦波，请在示波器中观察各参数，记录各参数值并与信号发生器的值进行比较。

2. 使用函数信号发生器输出频率为 2.6 kHz，峰峰值为 5.4 V_{pp} 的方波，请在示波器中观察各参数，记录各参数值并与信号发生器的值进行比较。

 扫一扫看示波器功能与操作的练习题和答案

 扫一扫下载电路测试题A卷

 扫一扫下载电路测试题B卷

第5章

频谱分析仪的原理与操作

5.1 频谱分析仪的功能与工作过程

频谱分析仪是对无线电信号进行测量的必备仪器，是在电子产品研发、生产、检验领域中的常用工具。因此，其应用十分广泛，被称为工程师的"射频万用表"。

5.1.1 频谱分析仪的功能

频谱分析仪是研究电信号频谱结构的仪器，用于对信号失真度、调制度、频谱纯度、频率稳定度和交调失真等信号参数的测量，也可用来测量放大器和滤波器等电路系统中的某些参数，是一种多用途的电子测量仪器。它也被称为频域示波器、跟踪示波器、分析示波器、谐波分析器、频率特性分析仪或傅立叶分析仪等。现代频谱分析仪能以模拟或数字的方式显示分析结果，能分析 1 Hz 以下甚至亚毫米波段的全部无线电频段的电信号。仪器内部若采用数字电路和微处理器结构，仪器便具有存储和运算的功能；如果配置标准接口，可以很容易地构成自动测试系统。

5.1.2 频谱分析仪的工作过程

在测量高频信号时，外差式频谱分析仪在混波后因为中频被放大，所以能够得到较高的灵敏度。通过改变中频滤波器的频带宽度，可以较容易地改变频率的分辨率。但由于超外差式频谱分析仪是在频带内进行扫描，所以除非使扫描时间趋近于零，否则无法得到输入信号的实时反应。所以，要想得到与实时频谱分析仪性能一样的超外差式频谱分析仪，其扫描的速度要非常快，如果用比中频滤波器时间常数小的扫描时间进行扫描，将无法得到正确的信号振幅。因此若想提高频谱分析仪的频率分辨率，且能得到准确的响应，那么就需要保持适当的扫描速度。

5.1.3 频谱分析仪与示波器的区别

频谱分析仪与示波器相比对低电平的失真具有更高的灵敏性。我们可以从示波器上看到正弦波（时域），而在频谱分析仪中，我们可以看到其谐波失真（频域）。高的灵敏度和宽的动态范围使频谱分析仪可以测量低电平调制信号，可以测量调幅、调频和脉冲调制的射频信号，可以测量载波频率、调制频率、调制电平和调制失真，也可测量变频器件的特性如变频损耗、隔离度和失真度等。观察电气信号的传统方式是用一台示波器在时域中进行观察，但并非所有电路的特性都可用时域完全表达。电路元件如放大器、振荡器、混频器、调制器、检波器和滤波器等最好的表达特性的方法是分析频响数据，即通过频域进行观察。频谱分析仪就能达到这一目的，它能在示波管屏幕上用图像显示出频率信号幅度以及其他参数。频谱分析仪可以用来测量长期和短期频率的稳定度，比如，振荡器的噪声边带、剩余调频和预热时间内的频率漂移等都可以通过频谱分析仪测量获得。频谱分析仪可以很好地对遥控器、对讲机、测量发射接收机、无线电话、有线电视系统（CATV）及通信管理机等有线和无线系统进行检查以及对信号频率进行分析和比较。频谱分析仪能让用户真正看到傅立叶级数展开电信号（如射频脉冲信号）形成的图像，该仪器还广泛地应用于教学、科研领域。

5.2 频谱分析仪的分类及工作原理

频谱分析仪按照处理信号方式的不同分为两种类型：实时频谱分析仪与扫描调谐频谱分析仪。前者能在被测信号发生的同时取得所需的全部频谱信息并进行分析以及显示分析结果，后者需要通过多次取样来完成信息分析。实时频谱分析仪主要用于非重复、持续时间很短的信号分析，扫描调谐频谱分析仪主要用于从声频直到亚毫米波段的某一段连续射频信号和周期信号的分析。

实时频谱分析仪能够实时显示频域的信号振幅，其工作原理是仪器针对不同的频率信号配备对应的滤波器与检知器，再通过同步扫描器将信号传送到 CRT 或液晶显示器上进行显示，其优点是能显示周期性杂散波的实时反应，其缺点是价格昂贵且性能受限于频宽范围、滤波器的数目和最大的交换时间。

扫描调谐频谱分析仪是较常用的频谱分析仪，其基本结构类似于超外差接收器，其工作原理是输入的信号经过衰减器直接被外加至混波器，可调变的本地振荡器和与 CRT 显示器同步的扫描产生器产生随着时间线性变化的振荡频率，振荡频率经混波器与输入信号混波降频后形成中频信号（IF）。将该信号进行放大，滤波与检波将被传送到显示器的垂直方向板上，在显示器的纵轴上将显示出信号振幅与频率的对应关系。较低的 RBW（分辨率带宽）值有助于对不同频率信号进行分辨与测量，较低的 RBW 值将滤除较高频率的信号，使仪器在显示信号时产生失真，失真值与设定的 RBW 值密切相关；较高的 RBW 值有助于侦测宽频带信号，同时会增加杂讯底层值，降低测量灵敏度，在侦测低强度的信号时容易产生阻碍，因此设置适当的 RBW 值是在正确使用频谱分析仪时重要的一方面。

5.3 SA1010B 型频谱分析仪

SA1010B 型频谱分析仪采用高亮度的 8 英寸大屏幕，具有画面清晰、体积小、重量轻和方便携带的特点，适用于各类场合。

5.3.1 频谱分析仪的操作面板与用户界面

SA1010B 型频谱分析仪前面板功能区如图 5-1 所示，前面板功能区说明：（1）LCD显示屏；（2）软菜单区；（3）功能键区；（4）数字键区；（5）旋钮、方向选择键区；（6）辅助功能区；（7）电源开关；（8）USB 接口；（9）跟踪源输出口；（10）射频输入接口。前面板功能键区按键描述如表 5-1 所示。

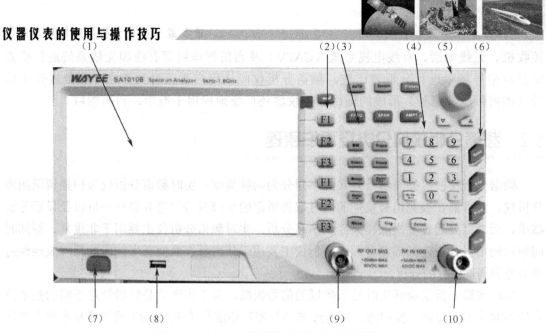

图 5-1　SA1010B 型频谱分析仪前面板功能区

表 5-1　前面板功能键区按键描述

FREQ	设置中心、起始和终止频率
SPAN	设置扫描的频率范围
SPAN	设置参考电平、射频衰减、前置放大、刻度及单位等参数
AUTO	全频段自动搜索定位信号
System	设置系统 I/O、语言、时间、校准等参数
Preset	系统复位
BW	设置频谱分析仪的分辨率带宽、视频带宽、迹线平均、扫描时间等参数
Trace	设置扫描信号的迹线及最大、最小保持等相关参数
Detect	设置检波器的检波方式
Sweep	设置扫描方式、时间及扫描点数
Marker	标记迹线上的点，读出幅度、频率等参数
Marker Fctn	进行频率计数、阻带带宽、频标噪声的测试
Marker	打开与频标功能相关的软菜单
Peak	打开峰值搜索的设置菜单，并执行峰值搜索功能

　　SA1010B 型频谱分析仪后面板功能区如图 5-2 所示，后面板功能区说明：（1）10 MHz 参考输入/输出、参考时钟输入/输出接口（通过 BNC 电缆实现连接）；（2）外触发接口；（3）音频输出接口；（4）USB 通信接口；（5）LAN 通信接口；（6）RS232 串行通信接口；（7）VGA 视频信号输出接口；（8）AC 电源接口及电源开关。

数字键功能：单击数字键可直接输入所需要的参数值。-/.键功能：先按-/.键再按数字键为键入负数符号，先按数字键再按-/.键为键入小数点符号。 键功能：回格，删除上一个文本。数字键区如图 5-5 所示。

图 5-4　旋钮、方向选择键区

图 5-5　数字键区

RF-IN/OUT（射频输入/输出）接口是通过 N 型连接器的电缆连接到接收设备中的，如图 5-6 所示。

※注：RF 射频输入端口的最大直流输入电压为 50 V，超过该电压会导致输入衰减器和输入混频器损坏。当输入衰减器的信号强度不小于+10 dB 时，RF 射频输入端口输入信号的最大功率为+30 dBm。

图 5-6　RF-IN/OUT 接口

5.3.2　频谱分析仪配件——驻波比桥

VB30 驻波比桥用于配合频谱分析仪对被测设备进行回波损耗、反射系数和电压驻波比等 S11 相关参数的测量（S11 为输入反射系数，即输入回波损耗）。VB30 驻波比桥提供 3 个射频连接端口，其中"IN"为信号输入端口，用于连接频谱分析仪的跟踪源输出口；"OUT"为反射信号输出端口，用于连接频谱分析仪的射频输入接口；"DUT"为信号输出端口，用于连接被测设备。在测量时，应尽可能少地使用电缆或转接器，以免引入额外的反射。在连接被测件之前须对驻波电桥的"DUT"端口在开路状态下进行校准（即使该端口什么也不连，也应在全反射状态下测量信号的功率）。VB30 驻波比桥如图 5-7 所示，与频谱分析仪的连接如图 5-8 所示。

图 5-7　VB30 驻波比桥

图 5-8　驻波比桥与频谱分析仪的连接

5.3.3　频谱分析仪配件——TX1000

TX1000 的硬件结构如图 5-9 所示，TX1000 的硬件模块主要包括混频器、滤波器和放大器等部件。

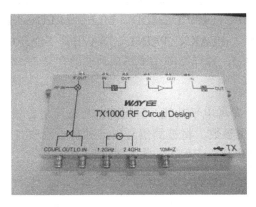

图 5-9　TX1000 硬件结构

TX1000 的特点有：可通过 USB 接口进行供电；可与 PC 端连接使用，并通过软件对其进行控制；提供 10 MHz 的参考信号输出，可方便地与其他设备进行时钟同步；内置 50 MHz 的信号，通过切换开关将该信号连接到输入端口，可用于对频谱分析仪的学习、操作和演示；提供 500 MHz 和 1 GHz 的本地本振信号输出；模块化电路设计，提供可对其任何部件进行单独测量的接口，且允许对其任何部件进行更换使用。

TX1000 的典型应用是测试频谱分析仪的测量功能。

操作步骤：

（1）使用 USB 数据线连接计算机和 TX1000，如图 5-10 所示，使用转接线连接 TX1000 的 RF-IN 接口和频谱分析仪的射频输入接口。

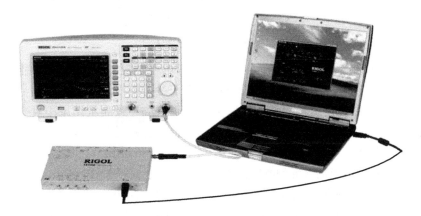

图 5-10　USB 数据线与计算机和 TX1000 的连接图

（2）通过控制界面设置各开关的状态。

（3）在频谱分析仪中设置测量参数，得到测量结果。

5.4 频谱分析仪面板菜单的功能

本节按照字母 A～Z 的顺序提供频谱分析仪面板相关菜单按键的功能映射图（菜单按键分别为 AMP、BW、DETECTOR、DEMOD、FILE、FREQ、MARKER、MARKER→、MARKER FUCT、MEAS、PEAK、PRINT、SAVE、SOURCE、SPAN、SWEEP、SYSTEM、TRACE 和 TRIG），并详细阐述了每项功能的含义。

1. AMP

AMP 的功能为：激活参考电平功能，弹出对信号幅度进行设置的软菜单。通过设置和调节频谱分析仪的幅度相关参数，将被测信号以某种易于观察且使测量误差最小的方式显示在当前窗口中。AMP 功能操作流程图如图 5-11 所示。

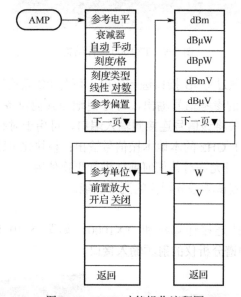

图 5-11　AMP 功能操作流程图

参考电平对应在坐标网格的顶部。在接近参考电平位置的测量信号的准确度相对较高，但输入信号的信号幅度在测量过程中不可以大于参考电平。如果被测信号电平大于参考电平，在测量过程中就会出现信号压缩和失真等现象，导致测量结果不真实。频谱分析仪的输入衰减器与参考电平相互关联，能够自动进行调整并避免输入信号产生压缩。在输入信号 0 dB 衰减的情况下，对数刻度的最小参考电平是-80 dBm。

调整衰减器的目的是使输入混频器的最大信号幅度小于或等于-10 dBm。例如：如果参考电平是+12 dBm，则衰减量为 22 dB 混频器的输入电平为-10 dBm，其最终目的是防止信号产生压缩。当衰减器处于自动耦合模式时，可以通过"衰减器 自动 手动"菜单将衰减器设置为手动设置模式，在"自动"或"手动"下方的下画线表明了衰减器是处于自动耦合模式还是手动设置模式。当衰减器处于手动设置模式时，可以通过"衰减器 自动 手动"菜单即可重新将衰减器与参考电平相关联。

2. BW

BW 的功能为：弹出对带宽进行设置的软菜单。BW 功能操作流程图如图 5-12 所示。

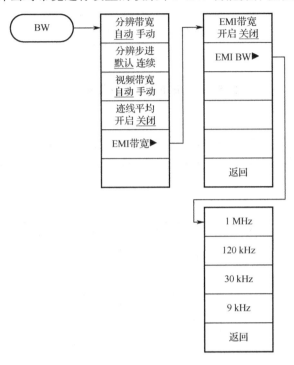

图 5-12　BW 功能操作流程图

3. DETECTOR

DETECTOR 的功能为：弹出设置检波方式的软菜单。在扫宽较大时，多个取样值会落在同一个像素点上。通过对检波器的检波方式进行设置，可以改变像素点包含的取样值。此键弹出的与检波方式有关的软菜单包括："自动""常态""正峰""负峰""取样"，DETECTOR 功能操作流程图如图 5-13 所示。

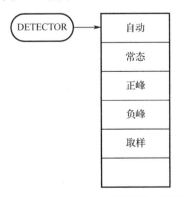

图 5-13　DETECTOR 功能操作流程图

※注：应根据实际应用选择不同的检波方式以保证测量的准确性，所选择的检波方式在屏幕左侧的状态栏中有相应的参数图标与之对应。

4. DEMOD

DEMOD 的功能为：弹出解调功能的软菜单。DEMOD 功能操作流程图如图 5-14 所示。

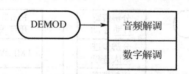

图 5-14　DEMOD 功能操作流程图

5. FILE

FILE 的功能为：弹出与文件操作相关的软菜单。通过 FILE 功能可以进入文件管理菜单，并对频谱分析仪内部或外部 USB 存储设备的文件进行操作。FILE 功能操作流程图如图 5-15 所示。

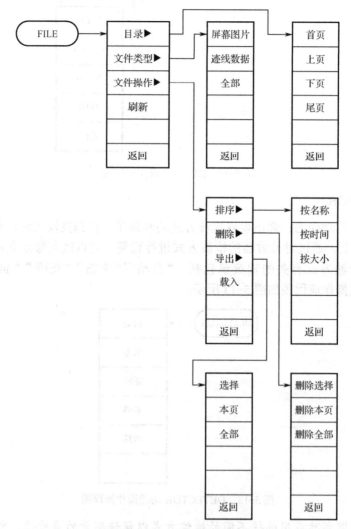

图 5-15　FILE 功能操作流程图

6. FREQ

FREQ 的功能为：弹出对频率功能进行设置的软菜单。通过 FREQ 功能可设置频谱分析仪的各种频率参数，频谱分析仪在设定的频率范围内进行扫频，每当频率参数发生改变，仪器将重新进行扫频。

表示频谱分析仪当前通道频率范围的方式有 2 种：起始频率/终止频率、中心频率/扫宽。调整 4 个参数中的任何一个均会改变其他 3 个参数，以满足它们之间的耦合关系，Fcenter、Fstart、Fstop 和 Fspan 分别表示中心频率、起始频率、终止频率和扫宽。FREQ 功能操作流程图如图 5-16 所示。

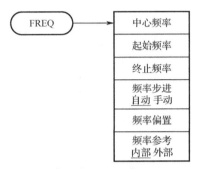

图 5-16　FREQ 功能操作流程图

以快速调整中心频率至输入信号谐波的操作举例：先观察 300 MHz 输入信号的谐波，将"频率步进　自动　手动"菜单选择至手动挡，输入参数 300 MHz。如果此时的中心频率为 300 MHz，按步进递增键后中心频率将变为 600 MHz，相当于进行二次谐波。若此时再按步进递增键，中心频率将再增加 300 MHz，变为 900 MHz。"频率步进　自动　手动"菜单中的下画线表示了当前选中的挡位。当步进量处于手动挡时，按"频率步进　自动　手动"键将切换为自动挡。

7. MARKER

MARKER 的功能为：激活频标，弹出与频标相关的软菜单，MARKER 功能操作流程图如图 5-17 所示。频标是一个菱形的光标，用于标记迹线上的点。通过光标可以读出迹线上各点的幅度、频率或扫描的时间点。仪器最多可以同时显示 5 对光标，但每次只能有一对或单个光标处于激活状态。在光标菜单下可以通过数字键和方向键输入频率来查看迹线上不同点的读数。

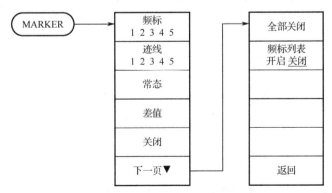

图 5-17　MARKER 功能操作流程图

8. MARKER→

MARKER→的功能为：激活频标，弹出与频标功能相关的软菜单，MARKER→功能操作流程图如图 5-18 所示，该功能可以使用当前光标的值设置仪器的其他系统参数（如中心频率、参考电平等）。

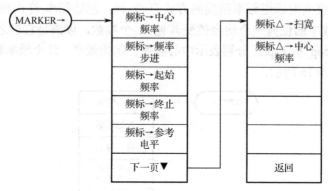

图 5-18　MARKER→功能操作流程图

9. MARKER FUCT

MARKER FUCT 的功能为：标记功能设定。MARKER FUCT 功能操作流程图如图 5-19 所示。

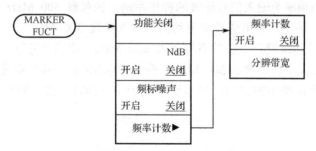

图 5-19　MARKER FUCT 功能操作流程图

10. MEAS

MEAS 的功能为：弹出包括时间频谱、邻道功率、信道功率和占用带宽的软菜单，提供多种高级测量功能。MEAS 功能操作流程图如图 5-20 所示。

11. PEAK

PEAK 的功能为：打开峰值搜索的设置菜单，并执行峰值搜索功能，PEAK 功能操作流程图如图 5-21 所示。

当在峰值搜索选项中选择"最大值和最小值搜索"选项时，仪器将自动查找迹线上的最大值和最小值并用光标标记出来；进行"下一峰值""左峰值""右峰值"的峰值查找时需要满足搜索参数的条件。

12. PRINT

PRINT 的功能为：弹出与打印功能相关的软菜单，PRINT 功能操作流程图如图 5-22 所示。

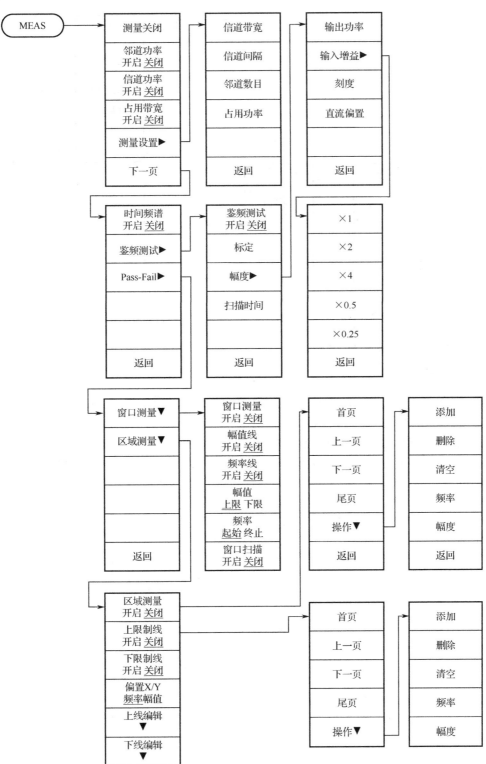

图 5-20　MEAS 功能操作流程图

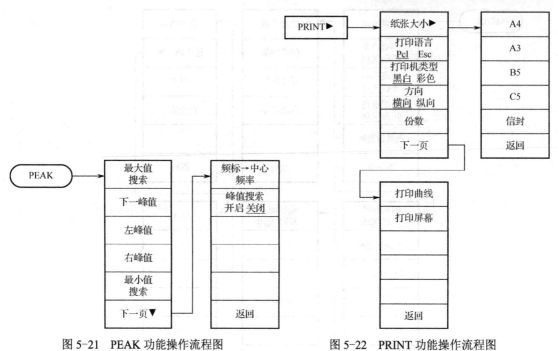

图 5-21　PEAK 功能操作流程图　　　　图 5-22　PRINT 功能操作流程图

13. SAVE

SAVE 的功能为：将当前界面的信息以屏幕截图的形式进行保存，并弹出相关软菜单，SAVE 功能操作流程图如图 5-23 所示。

在进行保存操作时，要根据需求选择文件类型，包括屏幕截图或迹线数据，文件可以选择保存至本地存储器或移动存储器中。"用户状态"功能用于仪器在开机和复位时对数据进行调用。

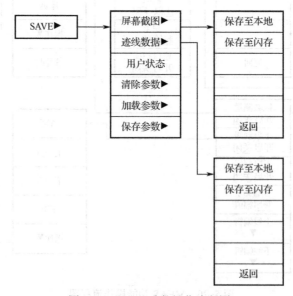

图 5-23　SAVE 功能操作流程图

14. SOURCE

SOURCE 的功能为：弹出关于其他测量功能的软菜单，SOURCE 功能操作流程图如图 5-24 所示。

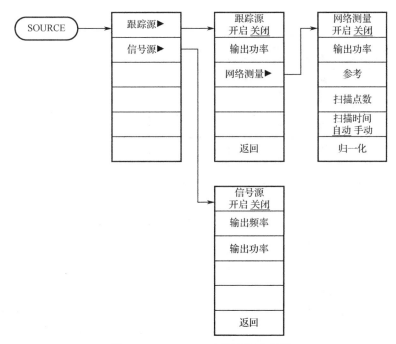

图 5-24　SOURCE 功能操作流程图

15. SPAN

SPAN 的功能为：激活频率扫宽功能，将频谱分析仪设置为中心频率扫宽模式，并弹出关于扫宽设置的软菜单，SPAN 功能操作流程图如图 5-25 所示。

首先激活扫宽功能，然后将频谱分析仪设置为扫宽模式。在按下 SPAN 键后会弹出扫宽、全扫宽、零扫宽和前次扫宽 4 个选项。用户可以通过数字键或步进键设置扫宽，可以通过数字键或零扫宽键将扫宽设置为零。

16. SWEEP

SWEEP 的功能为：扫描时间。SWEEP 功能操作流程图如图 5-26 所示。

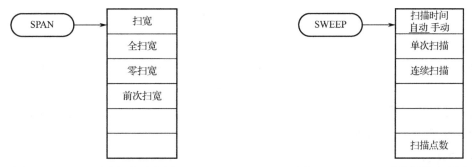

图 5-25　SPAN 功能操作流程图　　　　　图 5-26　SWEEP 功能操作流程图

17. SYSTEM

SYSTEM 的功能为：弹出关于系统设置的软菜单，SYSTEM 功能操作流程图如图 5-27 所示。

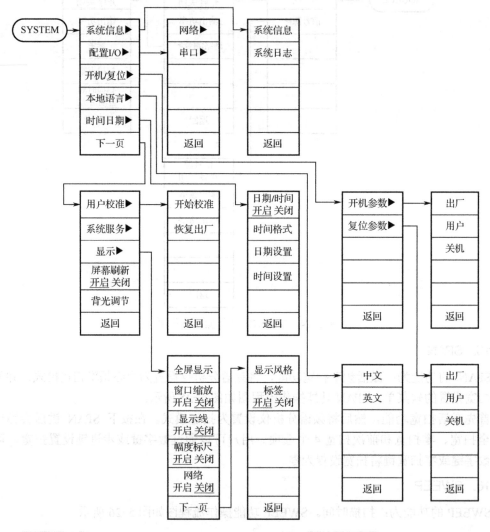

图 5-27　SYSTEM 流程图

18. TRACE

TRACE 的功能为：弹出与轨迹、检波相关的软菜单，TRACE 功能操作流程图如图 5-28 所示。

扫频信号在屏幕上是通过迹线的形式显示的，通过此菜单可以设置迹线的相关参数，屏幕最多可同时显示 5 条迹线。

19. TRIG

TRIG 的功能为：弹出设置触发模式的软菜单，TRIG 功能操作流程图如图 5-29 所示。

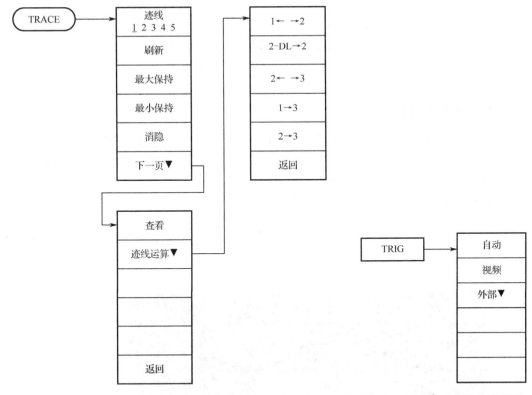

图 5-28　TRACE 功能操作流程图　　　　　图 5-29　TRIG 功能操作流程图

5.5　基本测量方法

下面我们将通过测量连续波信号的实例来介绍频谱分析仪的基本测量方法。我们使用 DG1032 信号发生器输出连续波信号作为测量源信号，注意输入信号的幅度不得超过 +30 dBm（1 W），以免损坏频谱分析仪。

1.　连接设备

将信号发生器的信号输出端连接到频谱分析仪的 INPUT 50 Ω 射频输入接口。

2.　参数设置

1）复位仪器

按下"PRESET"键后，仪器的所有参数将恢复到出厂设置。

2）设置中心频率

按下"FREQ"键后，"中心频率"软菜单将变为高亮状态，在屏幕网格的左上方会出现中心频率的参数，即表示中心频率功能被激活。此时使用数字键盘、旋钮或方向键均可以改变中心频率值。按数字键，输入 1 GHz，则频谱分析仪的中心频率被设定为 1 GHz。

3）设置扫宽

按"SPAN"键后，"扫宽"软菜单将处于高亮状态，屏幕网格的左上方出现扫宽参数则表示扫宽功能已被激活。使用数字键盘、旋钮或方向键均可以改变扫宽值。按数字键输入 5 MHz 后，频谱分析仪的扫宽被设定为 5 MHz。上述步骤完成后，在频谱分析仪上可以观测到中心频率为 1 GHz 的频谱曲线。

3. 使用光标测量频率和幅度

先按"Marker→频标→1"，激活"Marker1"，然后按"Peak"键，光标将标记在信号的最大峰值处，再按"频率→中心频率"，被测频谱的峰值点将显示在屏幕的中间位置，并且光标的频率和幅度值将显示在屏幕网格的右上角。

4. 读取测量结果

输入频率为 1 GHz、幅度为-10 dBm 的信号后，频谱分析仪的测量信号视图如图 5-30 所示。

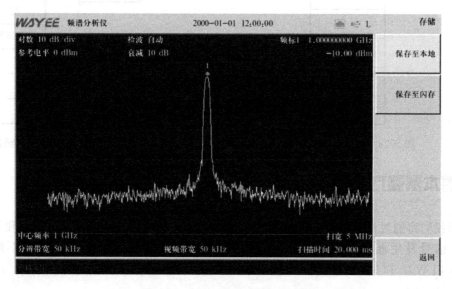

图 5-30　频谱分析仪测量信号视图

课堂任务 5

频谱分析仪最常见的测量任务之一是测量信号的频率和幅度，请按照步骤进行以下测量任务。

1. 测量连续波信号

使用信号发生器输出频率为 1 GHz、幅度为-10 dBm 的连续波信号作为测量信号。

操作步骤：

1）连接设备

将信号发生器的信号输出端连接到频谱分析仪的射频输入接口。

2）设置参数

（1）复位仪器

按"PRESET"键将仪器复位。

（2）设置参数

按"FREQ"键，再按"中心频率"键，输入 1 GHz。

按"SPAN"键，再按"扫宽"键，输入 5 MHz。

（3）使用光标测量频率和幅度

按"MARKER"键。

按"PEAK"键，再按"最大值搜索"键，将光标置于峰值频率上。

此时光标将标记在信号峰值处，且光标的频率和幅度值将显示在屏幕网格的右上方。

3）读取测量结果

最终应测得的输入信号频率为 1 GHz、幅度为-10 dBm。

2. 测量连续波信号

使用信号发生器输出频率为 5 MHz、电压峰峰值为 $5V_{pp}$ 的连续波信号作为测量信号。

操作步骤：

1）设备连接

将信号发生器的信号输出端连接到频谱分析仪的射频输入接口。

2）参数设置

（1）复位仪器

按"PRESET"键将仪器复位。

（2）设置参数

按"FREQ"键，再按"中心频率"键，输入 5 MHz。

按"SPAN"键，再按"扫宽"键，输入 10 MHz。

（3）使用光标测量频率和幅度

按"MARKER"键。

按"PEAK"键，再按"最大值搜索"键，将光标置于峰值频率上。

此时光标将标记在信号峰值处，且光标的频率和幅度值将显示在屏幕网格的右上方。

3）读取测量结果

最终应测得输入信号的频率为 5 MHz、幅度为 4.57 dBm、带宽为 100 kHz。

3. 测量 AM 调制信号

利用频谱分析仪的解调功能可以将 AM 调制信号从载波信号中解调出来并显示在屏幕上。这里使用信号发生器输出一个载波频率为 100 MHz、幅度为-10 dBm、调制频率为 1 kHz、调制深度为 100%的 AM 调制信号作为测量信号。

操作步骤：

1）设备连接

将信号发生器的信号输出端连接到频谱分析仪的射频输入接口。

2）使用零扫宽测量 AM 信号

（1）复位仪器

按"PRESET"键复位仪器。

（2）设置参数

按"FREQ"键，再按"中心频率"键，输入 100 MHz。

按"SPAN"键，再按"零扫宽"键，将频谱分析仪的扫宽设为 0 Hz。

按"SWEEP"键，再按"扫描时间 自动 手动"键，将扫描时间选项设置为手动调节，输入 10 ms，按"单次扫描"键。

按"AMPT"键，再按"刻度类型 线性 对数"键，将刻度类型设置为线性类型。

（3）利用光标测量 AM 调制信号频率

按"PEAK"键。

按"MARKER"键，再按"差值"键。

按"PEAK"键，再按"下一峰值"键，也可按"右峰值"或"左峰值"键，查找光标右侧或者左侧的峰值；

读取光标的频率值，即为调制信号的频率值。

3）读取测量结果

应测得调制信号的周期为 1.000 ms。

第6章

通信电缆的结构与识别

教学内容

1. 通信电缆线路的组成。
2. 通信电缆线路的分类与型号。
3. 通信电缆的色谱。
4. 通信电缆的端头识别。
5. 通信电缆常见的故障种类。

技能要求

1. 掌握电缆的基本知识。
2. 能正确识别电缆色谱。
3. 能独立完成电缆编排。

 扫一扫看通信电缆的结构教学课件

 扫一扫看通信电缆的识别微课视频

 扫一扫看通信电缆的结构电子教案

通信电缆线路是在长途有线通信中的重要线路，也是国防通信网的重要组成部分。通信电缆线路的使用年限较长、通信距离较远、容量大、质量高、稳定性强、保密性好，具有电话、电报、传真和数据传输等功能，同轴通信电缆线路还支持电视功能。但是通信电缆线路在初建时的工程量大、建设费用高，而且线路的传输衰减与损耗大、施工维护作业比较复杂，遭到破坏后不易快速修复。

6.1 通信电缆线路的组成

 扫一扫看通信工程安全教育动画

 扫一扫看通信工程安全教育动画2

6.1.1 电话通信系统的基本构成

电话通信系统能够完成终端间电话信号的传输和交换，为终端提供良好的服务，其基本构成示意如图 6-1 所示。

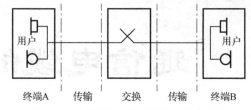

图 6-1　电话通信系统的基本构成示意

6.1.2 本地电话网

本地电话网是指在一个封闭编号区内，由若干个端局（或端局与汇接局）、局间中继线、长市中继线以及端局的用户线、电话机和用户交换机所组成的自动电话网。

本地电话网的主要特点是在一个长途编号区内只有一个本地网，同一个本地电话网的用户间相互呼叫只须拨打本地电话号码，而呼叫本地电话网以外的用户则要按照长途电话呼叫程序进行拨号。

我国的本地电话网有两种类型：

（1）特大城市、大城市本地电话网；

（2）中、小城市及县级地区本地电话网。

6.1.3 两级网的网络结构

两级网采用通信树形拓扑结构，主要可以分为两大部分：长途部分和本地部分。两级网的网络结构如图 6-2 所示。

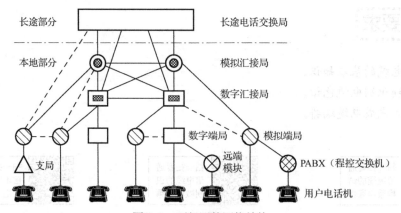

图 6-2　两级网的网络结构

6.2 全塑电缆的结构、分类、型号

扫一扫看全
塑电缆的结
构教学视频

6.2.1 全塑电缆的结构

全塑市内通信电缆（也称全塑电缆）由缆芯、屏蔽层、护套层组成。缆芯主要由线芯、绝缘层、扎带及包带层组成。线芯由金属导线和导线绝缘层组成，导线的材质一般为电解软铜，线径主要有 0.32 mm、0.4 mm、0.5 mm、0.6 mm、0.8 mm 5 种，全塑电缆的结构如图 6-3 所示。

屏蔽层
护套层
线芯和绝缘层
扎带及包带层

图 6-3 全塑电缆的结构

6.2.2 全塑电缆的分类

全塑电缆的常见类型为：
（1）按电缆结构类型分为填充型和非填充型全塑电缆；
（2）按导线材料分为铜导线型和铝导线型全塑电缆；
（3）按线芯绝缘结构分为实心绝缘型和泡沫绝缘型全塑电缆；
（4）按线芯扭绞方式分为对绞式和星绞式全塑电缆；
（5）按色谱分为全色谱型和普通色谱型全塑电缆。

以线芯扭绞为例，线芯扭绞是为了减少线对之间的电磁耦合并提高线对之间的抗干扰能力而将一对线芯的两根导线均匀地绕着同一轴线旋转，常用的扭绞方式有对绞式和星绞式两种，如图 6-4、图 6-5 所示。

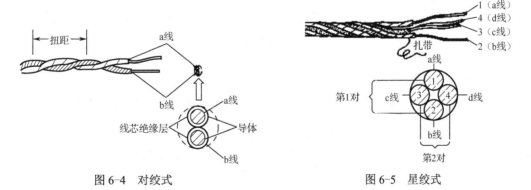

图 6-4 对绞式

图 6-5 星绞式

6.2.3 电缆的型号

电缆的型号是识别电缆规格和用途的代号。电缆型号可将电缆按照用途、线芯结构、

导线材料、绝缘材料、护套层材料、外护层材料等要素进行分类，分别用不同的字母和数字表示出来。电缆型号的命名格式如图 6-6 所示，在电缆型号中各代号的含义如表 6-1 所示。

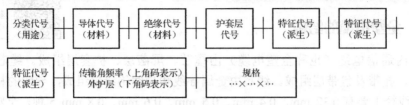

图 6-6　电缆型号的命名格式

表 6-1　在电缆型号中各代号的含义

类别、用途	导体	绝缘层	护套层	特征	外护层
H—市内通信电缆 HP—配线电缆 HJ—局用电缆	T—铜（可省略不标） G—钢 L—铝	Y—实心聚乙烯绝缘层 YF—泡沫聚乙烯绝缘层 YP—泡沫/实心聚烯绝缘层 V—聚氯乙烯绝缘层 M—棉纱绝缘层 Z—纸绝缘层	A—涂塑铝带黏结屏蔽聚乙烯护套 S—铝、钢双层金属带屏蔽聚乙烯护套 V—聚氯乙烯护套	T—石油膏填充 G—高频隔离 C—自承式 B—扁平 P—屏蔽	23—双层防腐钢带绕包铠装聚乙烯外护层 32—单层细钢丝铠装聚乙烯外护层 43—单层粗钢丝铠装聚乙烯外护层 53—单层钢带皱纹纵包铠装聚乙烯外护层 553—双层钢带皱纹纵包铠装聚乙烯外护层

示例：HTYA—100×2×0.4

解析：表示该电缆是铜芯（T 可省略）、实心聚乙烯绝缘层（Y）、涂塑铝带黏结屏蔽聚乙烯护套（A）、容量为 100 对（100）、对绞式（2）、线径为 0.4 mm（0.4）的市内通信全塑电缆（H）。

6.3　线芯色谱

线芯色谱一般可通过全色谱来表示。

全色谱的含义是指在电缆中的任何一对线芯都可以通过各级单位的扎带颜色以及线对的颜色进行识别，通俗来说就是给出线号就可以找出线对，看到线对就可以说出线号。

全色谱包含了由 2 根 5 种颜色的线两两组合而成的 25 个线对组合。

a 线：白，红，黑，黄，紫；

b 线：蓝，橙，绿，棕，灰。

a 线又称引导色谱，b 线又称循环色谱，全色谱与线对编号色谱如表 6-2 所示。

表 6-2　全色谱与线对编号色谱

线对编号	1	2	3	4	5	6	7	8	9	10	11	12	13
a 线	白	白	白	白	白	红	红	红	红	红	黑	黑	黑
b 线	蓝	橙	绿	棕	灰	蓝	橙	绿	棕	灰	蓝	橙	绿
线对编号	14	15	16	17	18	19	20	21	22	23	24	25	
a 线	黑	黑	黄	黄	黄	黄	黄	紫	紫	紫	紫	紫	
b 线	棕	灰	蓝	橙	绿	棕	灰	蓝	橙	绿	棕	灰	

全色谱电缆缆芯有 3 种单位较为常见：基本单位 U，内有 1 个 25 对的基本线对，如图 6-7 所示；超单位 S，内有 2 个 25 对的基本线对；超单位 SD，内有 4 个 25 对的基本线对。基本单位扎带的全色谱颜色包含蓝、橙、绿、棕、灰、白、红、黑、黄、紫 10 种颜色。与线对色谱（25 种）类似，扎带全色谱可组成 24 种颜色搭配，这样以 600 个（25×24）线对为 1 个循环，以 1200 个线对为 2 个循环，以 1800 个线对为 3 个循环，以此类推。全色谱单位式（基本单位 U）电缆的线对序号与扎带色谱如表 6-3 所示。

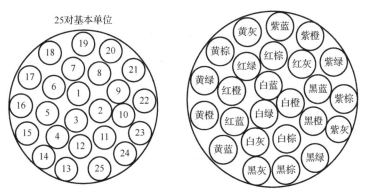

图 6-7　25 对基本单位线对色谱

表 6-3　全色谱单位式（基本单位 U）电缆的线对序号与扎带色谱

线 对 序 号	U 单位序号	U 单位扎带颜色
1～25	1	白—蓝
26～50	2	白—橙
51～75	3	白—绿
76～100	4	白—棕
101～125	5	白—灰
126～150	6	红—蓝
151～175	7	红—橙
176～200	8	红—绿
201～225	9	红—棕
226～250	10	红—灰
⋮	⋮	⋮
551～575	23	紫—绿
576～600	24	紫—棕

6.4　全塑电缆的端别

人在面对电缆的截面时按线芯基本单位扎带颜色白蓝、白橙、白绿……（基本单位扎带序号由小到大）的顺序顺时针排列的一端为电缆的 A 端，逆时针排列的一端为电缆的 B 端。

全塑电缆的 A 端又叫内端，使用红色标志，伸出电缆盘外，常用红色端帽封合或用红色胶带包扎，绞缆方向为顺时针方向，规定面向局方。全塑电缆的 B 端又叫外端，使用绿色标志，紧固在电缆盘内，常用绿色端帽封合或用绿色胶带包扎，绞缆方向为逆时针方向，规定面向用户方。

在进行较多数量的全塑电缆敷设时，应按下列规定进行放置：

汇接局—端局，以汇接局侧为 A 端；端局—支局，以端局侧为 A 端；局—交接箱，以局侧为 A 端；局—用户，以局侧为 A 端；交接箱—用户，以交接箱侧为 A 端。

在汇接局、端（支）局、交接箱之间敷设电缆时，端别要尽量做到局内统一。可以以一个交换区域的中心侧为 A 端，或以区域交换的汇接局、端（支）局、交接箱侧为 A 端，也可以以局号的大小划分 A 端的位置。

在分辨全塑电缆的端别时，可以根据电缆扎带色谱的排列进行判断：

（1）在星式单位扎带色谱的电缆中，扎带颜色以白、红、黑、黄、紫的顺序按顺时针方向旋转的一端为 A 端，按逆时针方向旋转的一端为 B 端。

（2）在基本单位扎带色谱的电缆中，扎带颜色以白蓝、白橙、白黄、白紫、红橙、红黄……的顺序按顺时针方向旋转的一端为 A 端，按逆时针方向旋转的一端为 B 端。

（3）在红头、绿尾色谱的电缆中，红色扎带的第一单元为本线束的第一单元，绿色扎带的第一单元为本线束的最末单元，按顺时针方向旋转的一端为 A 端，按逆时针方向旋转的一端为 B 端。

6.5 电缆故障的种类

电缆故障的种类一般分为断线、混线（自混、他混）、地气、反接、差接、交接 6 种，电缆故障示意如表 6-4 所示。

表 6-4 电缆故障示意

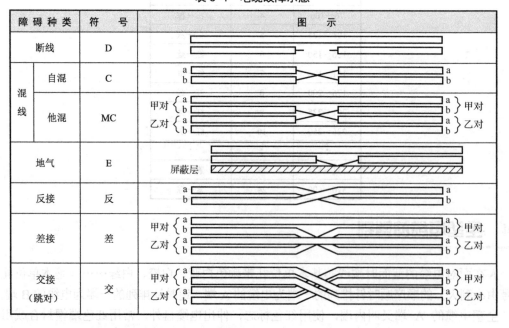

（1）断线：电缆线芯断开。

（2）混线：电缆线芯相碰（又称短路）。在本对线芯间相碰为自混；在不同对线芯

间相碰为他混。

（3）地气：电缆线芯与金属屏蔽层（地）相碰，又称接地。

（4）反接：本对线芯的 a、b 线在电缆或接头中接反。

（5）差接：本对线芯的 a（或 b）线错与另一对线芯的 a（或 b）线相接，又称鸳鸯对。

（6）交接：本对线芯在电缆或接头中错接到另一对线芯上，又称跳对。

课堂任务6

1．根据电缆厂家说明书、电缆盘标记或电缆外护层上的白色印记识别电缆的型号。

2．分辨和识别线芯的色谱和线序。

 扫一扫看通信电缆
的结构与识别练习
题和部分答案

第 **7** 章

电缆故障测试仪的使用

教学内容

1. 电缆故障测试仪的介绍。
2. 电缆故障的测试步骤。
3. 脉冲测试法的原理及应用。

技能要求

1. 掌握电缆故障测试仪的基本操作。
2. 掌握电缆故障的测试步骤。
3. 能够对电缆距离和故障距离进行测试。

 扫一扫看电缆故障测试仪的使用教学课件

 扫一扫看电缆故障测试仪的使用微课视频

 扫一扫看电缆故障测试仪的使用电子教案

电缆故障测试仪综合了脉冲测试法与智能电桥测试法，可以进行手动测试和自动测试，适用于测量各类如地气、绝缘不良、接触不良等电缆故障的具体情况。电缆故障测试仪能在缩短故障的查找时间、提高工作效率、减轻线路维护人员劳动强度等方面起到很好的辅助作用，同时也是线路查修人员的常用仪器之一。

7.1　电缆故障测试仪的面板与测试导引线

扫一扫看电缆故障测试仪操作视频

1. 面板按键设置

常用电缆故障测试仪的面板如图 7-1 所示。

（1）▣：背光按键，在光线暗时可以按其打开背光，以便能够看清楚屏幕上的内容。该功能比较耗电，在正常情况下请不要使用。

（2）方式：模式转换按键，开机后仪器默认进入脉冲测试模式，按此键即可进入电桥测试模式，再次按此键将切换回脉冲测试模式。

（3）开关：仪器的电源开关。

（4）◀ ▶：在脉冲测试法中为光标移动键，用于左右移动光标；在电桥测试法中，此键在不同的菜单里有不同的功能，可根据界面下方的提示进行操作。

（5）自动：在脉冲测试法中，按此键仪器将进行自动测试；在电桥测试法中，此键为开始测试键。

（6）手动：此键为在脉冲测试法和电桥测试法中的手动测试按键。

（7）▭（通信口）：与计算机等设备进行通信的插口。

（8）◉（测试口）：插接测试导引线的插口。

（9）◉（充电口）：仪器的充电插口。

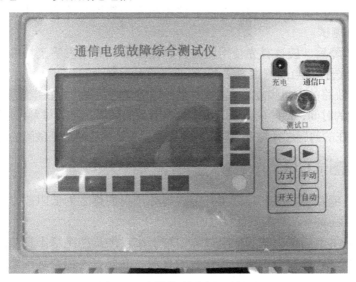

图 7-1　电缆故障测试仪面板图

2. 测试导引线

测试导引线的末端共有 3 个鳄鱼夹，在采用脉冲测试法时，只使用带有红色鳄鱼夹和黄色鳄鱼夹的两根线；在采用电桥测试法时，使用全部的 3 根线。具体的使用方法在后面将进行详细介绍，测试导引线如图 7-2 所示。

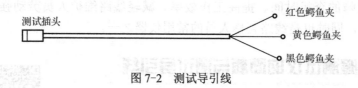

图 7-2　测试导引线

7.2　电缆故障测试的基本步骤

7.2.1　故障性质的诊断

在第 6 章中我们介绍了电缆故障的种类，根据不同的电缆故障的性质，可以简单进行以下诊断：

（1）电缆的一根或多根线芯断开，导致通信中断。这种故障可用脉冲测试法进行测试。

（2）电缆的线芯存在混线。混线分为自混和他混 2 种类型，指同一对线芯和不同对线芯之间的绝缘层遭到破坏，绝缘电阻的阻值下降到很低的程度（几百到几千欧姆），甚至发生短路，从而使通信质量受到严重影响。这种故障可以先用脉冲测试法进行测试，当波形难以识别时，再改用电桥测试法进行测试。

（3）电缆的线芯间绝缘不良。电缆线芯绝缘材料受到水或潮气侵入会使绝缘电阻的阻值下降，从而使通信质量不佳，甚至出现阻断的现象。这种故障类似于混线，只是故障电阻的阻值较大（几千欧姆以上），故障程度较轻。通常，如果绝缘电阻小于 2 兆欧姆，就会对通信质量产生影响，需要进行故障排除。这种故障一般用脉冲测试法无法测出，需要使用电桥测试法进行测试。

在线路出现故障后，应该首先使用测量台、兆欧表、万用表等工具确定线路故障的性质和严重程度，再选择适当的测试方法。

测试人员了解线路的走向和故障的情况有助于迅速确定故障点。在电缆发生故障后，测试人员应对故障发生的时间、故障的范围、电缆线路所处的环境、接头与人孔井的位置、天气造成的影响等可能存在的问题进行综合考虑，并根据测量的结果粗略判断故障的地点。

7.2.2　选择测试方法

当故障电阻阻值较小，约在几百至几千欧姆时，我们称之为低阻故障，反之则称之为绝缘不良故障或高阻故障。两者没有明确的界限。

脉冲测试法适用于测试断线和低阻故障。对于比较严重的绝缘不良故障，有时也能用脉冲测试法进行测试。脉冲测试法的操作较为直观、简便、不需要远端配合，在测试时应首先考虑使用。

电桥测试法能够测试绝缘不良故障，但要先找出一根好线，而且需要远端配合，测试的准备工作也比较烦琐。应在确认脉冲测试法不能测试该故障后再使用电桥测试法进行测试。

7.2.3　故障测距

在进行故障测试时，应先断开与故障线对相连的局内设备，在局内进行测试。在确定故障点的最小段落后，再到现场进行复测，以确定故障点的精确位置。

7.2.4　故障定点

在进行故障定点时，应根据仪器的测试结果，对照图纸资料，标出故障点的具体位置。当图纸资料不全或有误时，可以根据所掌握的电缆线路情况，估计故障点的大致位置，然后再根据故障情况，结合周围环境，分析故障原因，直至找到故障点。例如，在估计的范围内若有接头，就大致可以判断故障点在接头内。在仪器测试时，使用的量程越大，测量的误差就越大。

7.3 脉冲测试法

7.3.1　测试原理

仪器向线路发射一个脉冲电压信号，当线路有故障时，故障点的输入阻抗 Z_i 不再是线路的特性阻抗 Z_c，且会产生脉冲反射，其反射系数为：

$$\rho = (Z_i-Z_c)/(Z_i+Z_c) \tag{7-1}$$

反射脉冲电压幅值为：

$$U_n= \rho U_i=[(Z_i-Z_c)/(Z_i+Z_c)]U_i \tag{7-2}$$

由式（7-1）可知，当线路出现断线故障时 $Z_i \to \infty$，ρ =1，反射脉冲的极性为正，波形如图 7-3 所示；而当线路出现短路故障时 $Z_i \to 0$，ρ =-1，反射脉冲的极性为负，波形如图 7-4 所示。在实际情况中，线路故障一般是绝缘不良故障，反射系数的绝对值小于1。

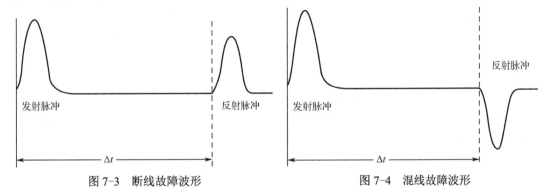

图 7-3　断线故障波形　　　　图 7-4　混线故障波形

从仪器发射脉冲开始直至接收到故障点的反射脉冲的总时间为Δt，Δt 是脉冲在测试点和故障点之间往返一次的时间。设故障的距离为 L，脉冲在线路中的传播速度为 V，则：

$$L=V\Delta t/2 \tag{7-3}$$

Δt 是由仪器自动计时得出的，结合设置的波速度 V 即可得出故障距离 L。实际上脉冲在电缆的传播过程中遇到的所有的阻抗不匹配点（如接头、复接点等）均会产生反射。电缆故障测试仪会以波形的方式把被测电缆的特性显示在屏幕上，用户通过识别反射脉冲的

起始位置、形状及幅度，即可测定故障点或阻抗不匹配点的距离，判断故障及阻抗不匹配点的性质和情况。

7.3.2　在脉冲测试法中的基本概念

（1）波形。脉冲测试法依靠波形来反映电缆的故障情况，正确理解波形是使用脉冲测试法的关键。由于仪器内设有自动阻抗平衡电路，所以仪器可以将发射脉冲的幅度压缩到很小，基本上只显示反射脉冲，更加便于观察。因此，如图7-3、图7-4所示的波形在测试时应是如图7-5、图7-6所示的形状。

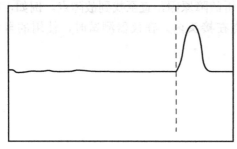

图 7-5　断线故障反射脉冲波形向上　　　图 7-6　混线故障反射脉冲波形向下

（2）故障点标定。反射脉冲波形的起始点（如图7-5中虚线的位置）是故障位置。屏幕的最左侧为发射脉冲的起始点，在手动测试时，将光标移动到故障反射脉冲波形的起始点后，屏幕上方显示的距离值就是故障点的距离。在自动测试时，仪器能够自动把光标移动到故障反射脉冲的起始点，但有时需要手动修正光标的位置。当光标在其他位置时，显示的距离值没有实际参考意义。

（3）量程。仪器的最大测试距离是 8 km，在开机后仪器会将量程自动设定为 200 m。因为在屏幕上显示的是选定量程内的电缆测试波形图，所以假如要测试一根 1500 m 长的电缆，就可以从最小的量程（200 m）开始测试，并逐步增加测试量程，调整至能显示电缆全长的 2 km 的量程。在自动测试时，仪器将自动从最小量程处开始测试，直至达到最大量程。

（4）波速度。脉冲在电缆中的传播速度被称为波速度。从脉冲法的测试原理中可知，测距实际上是在测时间，时间乘以脉冲传播速度得到距离值，因此必须明确精确的波速度值。经试验得知，波速度只与电缆线芯的绝缘材料有关，例如全塑电缆的波速度为 201 m/μs。仪器预存了几种常用电缆的波速度值，使用者可以通过选择不同材质电缆的方法设定波速度。由于生产厂家和生产工艺的不同，相同材质的电缆的波速度可能略有差异，但可以通过测试进行校准。

（5）增益。增益是指仪器对反射脉冲的放大倍数，调节增益可以改变在屏幕上所显示波形的幅值，使用者可以通过"+"和"-"按键增大或减小增益，将反射脉冲的幅值调整到接近于满屏时为最佳。在自动测试时，仪器将自动调节增益。

（6）阻抗平衡。在仪器的内部有一平衡电阻网络，应通过调节该网络使仪器与电缆的特性阻抗相匹配，以尽量减少仪器在发射脉冲时对信号造成的影响，从而突出反射脉冲，便于使用者对故障点进行判断。在自动测试时，仪器将自动调节阻抗平衡。

7.3.3　脉冲测试界面菜单功能

按"开关"键开机后将直接进入脉冲测试界面，屏幕上方显示故障距离信息，屏幕右方显示记忆、对比、增益、平衡、记录等菜单，屏幕正中间显示测试波形信息，屏幕下方显示脉冲测试法的主要菜单：量程、变比、波速、认定、主令及电量。脉冲测试界面如图 7-7 所示。

图 7-7　脉冲测试界面

下面对脉冲测试界面的菜单功能进行详细介绍。

1）量程

按"量程"下方的灰色键选中量程菜单，进入量程设置界面，屏幕下方的当前测试量程（默认的初始测试量程为 200 m）和提示语部分将反色显示，此时可按屏幕右方的灰色键选择量程。仪器提供的测试量程有：200 m、400 m、1 km、2 km、4 km、8 km，使用者可根据待测的电缆长度选择量程。量程设置界面如图 7-8 所示。

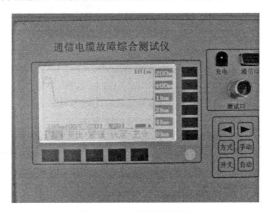

图 7-8　量程设置界面

2）波速

按"波速"下方的灰色键选中波速菜单，进入波速设置界面，波速菜单部分将反色显示，仪器默认显示全塑（聚乙烯）电缆的波速度：201 m/μs。在仪器中预存了 4 种电缆的波速度值，可通过按下屏幕右方的灰色键进行波速选择。波速设置界面如图 7-9 所示。

预存的 4 种电缆种类及其波速度分别为：

（1）全塑（聚乙烯）电缆：201 m/μs。

（2）填充聚乙烯电缆：192 m/μs。

（3）充油电缆：160 m/μs。

（4）纸浆电缆：216 m/μs。

图 7-9　波速设置界面

3）认定

按"认定"下方的灰色键选中认定菜单，屏幕右方将显示"疑点""标定""当前""以近""零标"选项，如图 7-10 所示，下面我们依次介绍各选项的功能。

图 7-10　认定设置界面

（1）疑点：在进行自动测量后，仪器可将在各量程内测量时发现的疑点标记出来，并在屏幕波形显示区中显示距离最近的一个疑点波形，此时可使用"以近"功能，使屏幕上方的疑点 1 反色显示，此时按光标移动键可翻看其他疑点。若按光标移动键后疑点值没有变化，则表示只有一个疑点。

（2）标定：选择"标定选项"后，光标将自动标定在故障反射脉冲的起始点上，并在屏幕上方显示故障距离，此时可按光标移动键左右移动光标修正故障点的标定位置。

（3）当前：选择"当前"选项后，仪器将在当前量程下自动进行阻抗匹配和增益调节，并标定出故障点。

（4）以近：选择"以近"选项后，仪器将自动从最小量程到当前量程依次进行搜索，并标定出故障点。

（5）零标：选择"零标"选项后，光标的所在位置将自动被设定为坐标原点。如果在故障点前后不远处有接头反射，为了确定故障点和接头的相对位置，可以将接头的位置设置为原点，再通过光标移动键将光标移动到故障点处，这样屏幕上方显示的距离即为从接头到故障点的距离。

4）主令

通过"主令"下方的灰色键选中主令菜单，屏幕右方将显示"记忆""对比""增益""平衡""记录"选项，如图 7-11 所示，下面我们依次介绍各选项的功能。

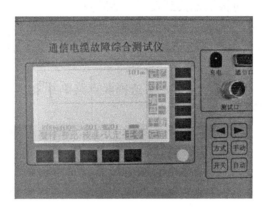

图 7-11　主令设置界面

（1）记忆：选择"记忆"选项后，仪器将存储当前波形，此时会在屏幕上方闪烁显示"已记忆"字样，并通过△符号进行标记。系统记忆的波形可用于与之后测得的波形或存储区的波形进行对比。

（2）对比：在进行对比操作之前首先要记忆一个波形，然后从存储区调出一个已保存的波形，选择"对比"选项将两波形进行对比。也可以在记忆波形之后继续进行测试，在得到一个新的波形后再使用该功能将当前测得的波形与之前记忆的波形进行对比。在进行对比操作时，波形显示区将同时显示要对比的两个波形，同时屏幕上方的△标记变为▲。

（3）增益：选择"增益"选项后，屏幕下方的当前增益值（默认为 01）将反色显示，此时可按"+"和"−"键调节增益大小，增益每变化一次，波形显示区的波形就会更新一次。

（4）平衡：选择"平衡"选项后，仪器将在增益、量程等测试条件保持不变的情况下，自动进行阻抗平衡调节，从而减小发射脉冲对波形的影响，使故障波形更容易被识别。

（5）记录：选择"记录"选项后，仪器会将当前波形显示区的波形以及其波形的特征指标进行存储，同时提示区会显示"波形已保存"字样。仪器最多可保存 10 个波形，当已保存满10个波形再继续保存波形时，最早存入的波形将被删除。

7.3.4　脉冲测试接线

在脉冲测试前，应将测试导引线插到仪器的"测试口"上，请注意插头上有定位槽。

当线芯间存在故障时，应将红色和黄色鳄鱼夹分别夹住故障线对的两根线芯；当出现接地（铅皮）故障时，应将红色和黄色鳄鱼夹分别夹住故障线芯和接触地面。在脉冲测试法中不使用黑色鳄鱼夹，且不必将红色和黄色鳄鱼夹区分使用。

7.3.5 自动测试

在故障检测中，一般应先进行自动测试。当情况比较复杂，自动测试无法得到正确结果时，再进行手动测试。

在自动测试完成后，仪器将给出几个疑点，使用者根据具体情况（如电缆全长，故障性质等）进行判断和操作即可很快地找到真正的故障点。

（1）进行自动测试。按"自动"键后仪器将开始自动测试，仪器将从小到大搜索每一个量程，最后在波形显示区中显示距离最近的一个疑点的波形，并在屏幕上方显示故障的距离和性质。

（2）查看疑点。在自动测试结束后，可选择疑点菜单并通过光标键翻看其他疑点，若按键后没有变化，则表明没有其他疑点。

（3）排除假的疑点。仪器给出的疑点有些不是真正的故障点，要进行人工排除。比如，已知电缆的全长是 500 m，那么故障距离肯定小于 500 m，仪器显示的 500 m 左右的疑点是电缆的末端反射现象，电缆全长两倍的疑点是电缆的二次反射现象，这些都不是故障点。再比如，已知电缆是混线故障，则所有显示为断线故障的疑点都不可能是故障点。

（4）调整波速度。如果当前电缆的波速度与实际情况不符，可进入波速设置菜单，选择不同的电缆类型所对应的波速值，或者选择自选类型的电缆并手动将波速度调整到合适的数值。

（5）微调光标，精确定位。如果仪器自动标定的故障距离不够精确，可以通过光标移动键调整光标的位置。

（6）进行平衡和增益调节。如果当前波形的平衡或幅值不太理想，可以通过"当前"选项进行自动平衡和增益调节操作。

（7）对已知电缆全长的自动测试。若已知电缆的全长，可以先选择仪器的测试量程，然后选择"认定"和"以近"选项，此时仪器将在选择的量程内搜索疑点，更易于对故障点的判断。

7.3.6 手动测试

在线路的情况比较复杂，自动测试没有找出正确的故障点时，需要进行手动测试。

（1）选择测试量程。量程可以从小到大逐步调整，直到能看到电缆的全长。

（2）调整波速度。波速度可以通过在波速菜单中选择电缆的类型进行调整，也可以根据仪器附带的波速度表调节自选电缆的波速度值。

（3）进行测试。按"手动"键将进行手动测试，每按一下会测试一次，按"左、右"光标键可将光标移动到反射脉冲的起始点。如果在当前的量程内看不到故障反射脉冲，则须进入"量程"菜单选择合适的测试量程重新进行测试。在测试时，最好从 200 m 的量程开始并逐步增大量程。

（4）使用增益调节功能。如果反射脉冲的幅值太大或太小，可以通过"增益"选项由按键"+"或者"−"增大或减小增益值，仪器会在波形显示区中自动更新并显示调节增益后的波形。

（5）使用自动阻抗平衡功能。按"平衡"键，仪器将自动进行阻抗平衡调节操作，通过减小发射脉冲的影响，使反射脉冲更容易被识别。

（6）使用"记忆"和"对比"功能。如果不容易判断反射脉冲是故障点还是接头，可以先测试故障线对，并按"主令"菜单中的"记忆"键记忆当前的测试波形。接下来，不要改变任何参数，并测试一条好的线对。此时按动"对比"键，两个波形将同时显示在波形显示区中，在波形图中出现明显差异的地方一般就是故障点。如果两个波形在同一个地方出现脉冲反射，则可以判断此处是接头。

（7）使用波形缩放功能。当量程大于 200 m 时，如果想看清楚局部波形的细节，可以按"对比"选项中的"变比"键，此时右方将出现"放大""缩小"选项。按"放大"键可将虚线光标周围的波形放大，之后可通过"缩小"键逐步将波形恢复原样。

（8）使用光标原点功能。如果在故障点前后不远处有接头反射，可以测量故障点和接头之间的距离，以便于定点。先将虚线光标移动到接头反射脉冲的起始点处，按"认定"选项中的"零标"键，虚线光标将变为实线光标。然后通过光标移动键将光标移动到故障反射脉冲的起始点处，此时屏幕上方显示的距离值为接头到故障点之间的距离（即两个光标之间的距离）。

7.3.7　波速度的测量和校准

如果已知电缆的准确长度，就可以用仪器来测量和校准电缆的波速度。先从电缆中找出一条好的线对，测出远端开路或短路的反射波形。如果测量的电缆全长与实际的长度有差别，可以使用"波速"选项的"加一"或"减一"键来调整波速度，直到测量值和电缆的实际长度相等，此时的波速度即为这条电缆的实际波速度。

7.4　一般问题处理及常见脉冲故障波形

该仪器使用可充电电池供电，当出现无法开机、开机后很快就自动关机以及开机后屏幕上的电池符号闪烁同时仪器发出嘀嘀声的现象时，则表示电池欠压，需要充电。

几种常见的脉冲故障波形如图 7-12～图 7-19 所示。

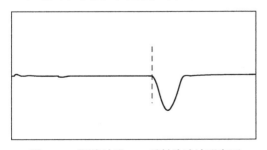

图 7-12　混线波形——反射脉冲波形向下

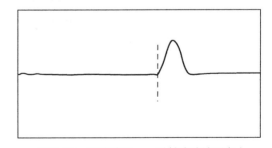

图 7-13　断线波形——反射脉冲波形向上

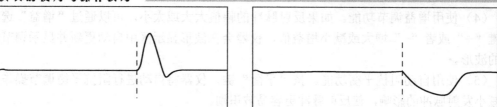

图 7-14　屏蔽层断开波形（与断线波形相似）　　　　图 7-15　接地波形（与混线波形相似）

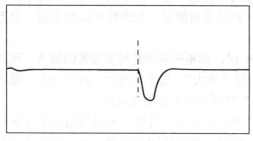　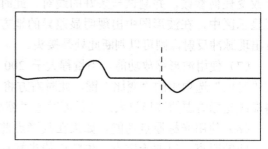

图 7-16　浸水波形　　　　　　　　　　　　图 7-17　错对波形

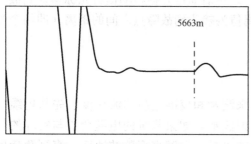　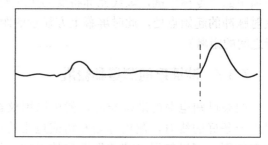

5663m

图 7-18　断线反射脉冲波形　　　　　　　　图 7-19　接头反射波形

课堂任务 7

1．使用脉冲测试法测试电缆性能。
2．分别使用自动和手动测试的方法判断电缆故障。

扫一扫看
电缆的相
关测试题

第8章

网线的制作与测试

 扫一扫看网线
的制作前导课
微课视频

 扫一扫看网线
及配线架的搭
建电子教案

 扫一扫看网
线的制作教
学课件

 扫一扫看网线的制
作与网络配线架的
端接微课视频

仪器仪表的使用与操作技巧

网线在我们的工作、学习和生活中必不可少，在电脑术语中被称为双绞线，它是连接电脑网卡和宽带无线猫、路由器和交换机的电缆线。由于通过电话线传输的信号是调制的信号，电脑的网卡不能识别，所以需要使宽带无线猫的一端连接电话线，另一端连接网线，使宽带无线猫将信号转换成网卡能直接识别的信号。

8.1　网线的类别和线序

扫一扫看网线的分类微课视频

常见的网线主要分为双绞线、同轴电缆、光缆 3 种类型。双绞线是由许多对线组成的数据传输线，是最常用的传输介质之一。它的价格便宜，所以能被人们广泛应用，我们常见的电话线就是双绞线。双绞线是把两根绝缘铜导线按一定密度相互绞合在一起，以降低信号干扰，每一根导线在工作中辐射的电波会被另一根导线发出的电波所抵消，双绞线的名字也由此而来。常用的双绞线实物图如图 8-1 所示。

（a）　　　　　　　　　　　（b）

图 8-1　双绞线实物图

双绞线一般是由两根 22～26 号的绝缘铜导线相互缠绕而成的，在实际使用时，通常是将一对或多对双绞线一起包在一个绝缘的电缆套管里的，这样便组成了双绞线电缆（也称双扭线电缆）。但在日常生活中，人们通常会把双绞线电缆直接称为双绞线。典型的双绞线电缆有含 4 对双绞线的，也有含更多对双绞线的。在双绞线电缆内，不同的线对具有不同的扭绞长度，一般来说，线缆的扭绞长度为 14～38.1 cm，扭绞方向为逆时针方向，相邻线对的扭绞长度在 12.7 cm 以上。在通常情况下，双绞线扭绞得越密，其抗干扰能力就越强。双绞线在传输距离、信道宽度和数据传输速度等方面与其他传输介质相比表现略差，但价格较为低廉。

8.1.1　双绞线的分类

双绞线可分为屏蔽双绞线（Shielded Twisted Pair，简称 STP）和非屏蔽双绞线（Unshielded Twisted Pair，简称 UTP）。

STP 内有一层由金属隔离膜组成的屏蔽层，如图 8-2 所示。因为该屏蔽层可以使 STP 在数据传输时减少电磁干扰，所以它的稳定性较高。STP 的价格不定，便宜的几元钱 1 m，贵的可能十几元钱甚至几十元钱 1 m。STP 结构图如图 8-3 所示。

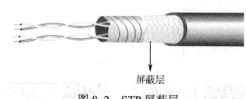

屏蔽层

图 8-2　STP 屏蔽层

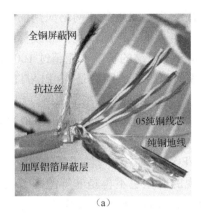
（a）

（b）

图 8-3 STP 结构图

UTP 内没有由金属隔离膜组成的屏蔽层，所以它的稳定性较差，但它的优势是价格低廉，UTP 结构图如图 8-4 所示。UTP 的价格一般在 1 元钱 1 米左右。它的特点有：（1）无屏蔽层，直径小，节省空间；（2）重量轻，易弯曲，易安装；（3）可将串扰减至最

图 8-4 UTP 结构图

小；（4）具有阻燃性；（5）较为独立、灵活，适用于综合布线。

常见的双绞线分为三类线、五类线、超五类线、六类线，以及最新的七类线，数字越大线径越粗。

（1）一类线（CAT1）：此类电缆主要被用于语音传输（一类线主要被用于 20 世纪 80 年代前的电话线缆中），不被用于数据传输。

（2）二类线（CAT2）：此类电缆的传输频率为 1 MHz，被用于语音传输和最高传输速率为 4 Mbps 的数据传输，常在 4 Mbps 规范令牌传递协议的旧的令牌网中被使用。

（3）三类线（CAT3）：此类电缆指在 ANSI/EIA/TIA-568B（也称 EIA/TIA-568B）标准中的一种电缆，传输频率为 16 MHz，主要被用于语音传输及最高传输速率为 10 Mbps 的数据传输。

（4）四类线（CAT4）：此类电缆的传输频率为 20 MHz，被用于语音传输和最高传输速率为 16 Mbps 的数据传输，主要被用于基于令牌的局域网以及标准为 10BASE-T 和 100BASE-T 的网络。

（5）五类线（CAT5）：此类电缆在前几类的基础上增加了绕线密度，外套一种高质量的绝缘材料，传输频率为 100 MHz，被用于语音传输和最高传输速率为 100 Mbps 的数据传输，主要被用于标准为 100BASE-T 和 10BASE-T 的网络，是较为常用的以太网电缆。

（6）超五类线（CAT5E）：此类电缆具有衰减小、串扰少的特点，并且具有更高的衰减串扰比、更高的信噪比以及更小的时延误差，性能与五类线相比有很大的提高。超五类线的最高传输速率为 250 Mbps。

（7）六类线（CAT6）：此类电缆的传输频率为 1～250 MHz，它提供了超五类线 2 倍的带宽，在传输频率为 200 MHz 时衰减串扰比仍有较大的余量。六类线的传输性能远远高于超五类线，适用于传输速率高于 1 Gbps 的应用。六类线与超五类线的一个重要的不同点在

于它改善了串扰以及回波损耗方面的性能，对于新一代全双工高速网络应用而言，优良的回波损耗性能是非常重要的。在六类线的标准中取消了基本链路模型，布线标准采用星形的拓扑结构，并且要求永久链路的长度不能超过 90 m，信道的长度不能超过 100 m。

（8）超六类线（CAT6A）：此类电缆是六类线的改进版，同样是在 EIA/TIA-568B 和 ISO 6 类/E 级标准中规定的一种非屏蔽双绞线电缆，主要应用于千兆位网络。超六类线在传输频率方面与六类线一样，也是 1～250 MHz，但其最高传输速率可以达到 1000 Mbps，且与六类线相比在串扰、衰减和信噪比等方面有较大改善。

（9）七类线（CAT7）：此类电缆是在 ISO 7 类/F 级标准中的一种较新的双绞线，它主要是为了适应万兆位以太网技术的应用和发展而出现的。但它不再是非屏蔽双绞线，而是屏蔽双绞线，所以它的传输频率至少可达 500 MHz，是六类线和超六类线的 2 倍以上，其传输速率可达 10 Gbps。

双绞线共有 8 根线，其布线规则是 1、2、3、6 号线使用，4、5、7、8 号线备用。从家用路由器到电脑的网线长度一般不长于 50 m，但从小区或住宅楼的集线器（交换机）到各个住宅单元的网线长度达到 200 m 也没有问题。如果直接从住宅单元的网线接口处通过网线连接电脑，只要网线的质量好，长度小于 60 m 时不会对网速产生影响，但网线过长会引起网络信号衰减，沿路干扰增加，可能导致传输的数据出错、网页页面卡住等情况，使用户产生网速变慢的感觉，但实际的网速（数据传输速率）并没有变慢，只是数据出错后，电脑对数据校验和纠错的时间增加了。

8.1.2　双绞线的选购

在综合布线的过程中，如果选购了质量较差的双绞线，将为工程带来很多不必要的麻烦，比如网络连接速度慢、网络丢包等，某一机房排线图如图 8-5 所示。那么，我们应如何选购双绞线呢？

图 8-5　机房排线图

双绞线的选购步骤如下：

（1）看外观。合格的双绞线护套层上的字符标志清晰，主要包含双绞线的生产厂家、长度及规格标志等，且各线对的线芯颜色符合规范。如果双绞线标志不清晰，或与规范色彩差别较大，就可能存在质量问题。如图 8-6（a）所示为某品牌整箱双绞线的外观图，如图 8-6（b）所示为箱内双绞线的实物图。

（2）看价格。铜材的价格为每吨 6 万元左右，因此每箱（长度为 305 m）网线的价格若低于 300 元就可能存在质量问题，线芯可能采用的是铜包铝、镀铜、镀铁等材质。建议选择正规厂家的产品，虽然价格会高一些，但是会减少很多因线材质量问题而产生的不必要的麻烦。

（3）看线径。国标超五类双绞线线径的标准为 0.51 mm（线规为 24AWG），质量不好的网线线径多为 0.4 mm 或者更细，可通过肉眼观察或用游标卡尺测量线径的方式进行判断，某游标卡尺测线径示意如图 8-7 所示。

　　（a）　　　　　　　　　　　　（b）

　　　图 8-6　整箱双绞线实物图　　　　　　　　　图 8-7　游标卡尺测线径

（4）看材质。将网线中的铜丝剪下一小段，用磁铁或带有磁性的螺丝刀吸一下，在一般情况下使用镀铜、镀铁等材质的线材可以被吸起来，而纯铜材质的线材不会被吸起来。

（5）柔软度。正品国标网线手感较好，铜线柔软度适中，弯曲后可以慢慢恢复原形。

（6）阻燃性。正品国标网线采用阻燃性材料作为护套，可以用打火机点燃一段网线，如果是正品国标网线，火焰会立即熄灭，如果护套继续燃烧，说明其质量存在问题。

（7）测电阻。每箱正品国标网线的单芯电阻的阻值应控制在 30 Ω 以内，而次品网线的阻值会高于 30 Ω。

（8）称重。每箱正品国标网线线材的重量应在 10 kg 左右。如果重量偏差较大，则可认为其质量存在问题或为非国标网线。

应根据现场工程实施的条件灵活地应用以上方法来判断网线质量。

8.1.3　网线的线序

为了保持最佳的兼容性，在制作网线时普遍采用 EIA/TIA-568B 的标准。要注意的是，在整个网络布线的过程中，应只采用一种网线标准。如果标准不统一，在施工时很容易出错，而在施工过程中一旦出现线缆差错，在成捆的线缆中是很难查找和剔除的。在最高传输速率为 10 Mbps、100 Mbps 的网线中，只使用 1、2、3、6 号线芯传递数据，即 1、2 号线芯用于发送数据，3、6 号线芯用于接收数据。按颜色来说，橙白、橙色两条线芯用于发送数据，绿白、绿色两条线芯用于接收数据，4、5、7、8 号线芯是双向线。在最高传输速率为 1000 Mbps 的网线中需要同时使用 4 对线，即 8 根线芯全部用于传递数据。

RJ-45 连接器的连接分为 EIA/TIA-568A 标准与 EIA/TIA-568B 标准两种线序，二者没有本质的区别，只是在颜色上有所不同。在连接时要保证线对的对应关系为：1、2 号线对是一个绕对，3、6 号线对是一个绕对，4、5 号线对是一个绕对，7、8 号线对是一个绕对。

EIA/TIA-568A 标准线序为：白绿、绿、白橙、蓝、白蓝、橙、白棕、棕。

EIA/TIA-568B 标准线序为：白橙、橙、白绿、蓝、白蓝、绿、白棕、棕。

EIA/TIA-568A 标准和 EIA/TIA-568B 标准的网线线序如图 8-8 所示。

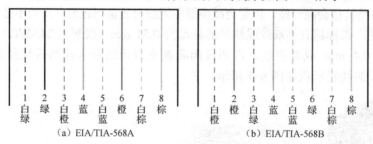

（a）EIA/TIA-568A   （b）EIA/TIA-568B

图 8-8   EIA/TIA-568A 标准和 EIA/TIA-568B 标准的网线线序

当双绞线两端使用的标准相同时，此线为直通线，也叫直连线，用于连接计算机与交换机、HUB（集线器）等，直通线线序如图 8-9 所示。

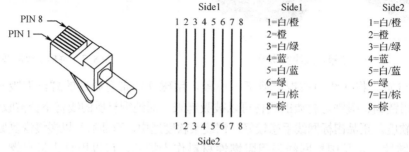

图 8-9   直通线线序

当双绞线两端分别使用不同的标准时，此线为交叉线，用于连接计算机与计算机，交换机与交换机等，交叉线线序如图 8-10 所示。可理解为同级设备间使用交叉线，不同级设备间使用直通线。在通常的工程中做直通线时，使用 EIA/TIA-568B 标准的情况更多一些。

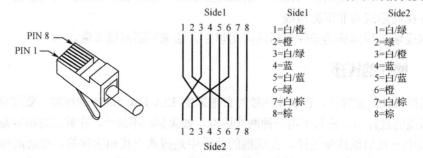

图 8-10   交叉线线序

双绞线在生活常用设备间的连接方式如表 8-1 所示。表中的 MDIX 指以太网集线器、以太网交换机等集中接入设备的接入端口类型；MDI 指普通主机、路由器等网上接口类型；HUB 指多端口的转发器；N/A 表示两者无法连接。

表 8-1   双绞线在生活常用设备间的连接方式

	主机	路由器	交换机 MDIX	交换机 MDI	HUB
主机	交叉	交叉	直通	N/A	直通
路由器	交叉	交叉	直通	N/A	直通

续表

	主机	路由器	交换机 MDIX	交换机 MDI	HUB
交换机 MDIX	直通	直通	交叉	直通	交叉
交换机 MDI	N/A	N/A	直通	交叉	直通
HUB	直通	直通	交叉	直通	交叉

8.2　制作网线的工具及材料

扫一扫看网线的制作教学视频

通常使用的网线是由双绞线和 RJ-45 连接器制作完成的。

扫一扫看网线的制作微课视频

8.2.1　网线钳

网线钳是用来卡住 BNC 连接器的外套与基座的，它有一个用于压线的六角缺口，一般也同时具有剥线和剪线的功能。网线钳的功能多、结实耐用，能制作 RJ-45 网线接头、RJ-11 电话线接头、4P 电话线接头，能方便地进行切断、压线、剥线等操作，是安装网络、制作优质网线的常备工具。常见的网线钳接口细节如图 8-11 所示。

RJ 是 Registered Jack 的缩写，意思是"注册的插座"。在 FCC（美国联邦通信委员会）的标准和规章中，RJ 是指公用电信网络的接口，常用的型号有 RJ-11

图 8-11　网线钳接口细节

和 RJ-45，在计算机网络领域中，RJ-45 是标准 8 位模块化接口的俗称。

网线钳的最前端是剥线口，它可以剥开双绞线的外皮；中间是压制 RJ-45 连接器的工具槽，可将 RJ-45 连接器与双绞线进行合成；离手柄最近处是锋利的切线刀，可将双绞线切断。

8.2.2　RJ-45 连接器

RJ-45 连接器是一种能沿固定方向插入并自动防止脱落的塑料接头，俗称水晶头。RJ-45 是一种网络接口规范，使用该规范制作的接口即为 RJ-45 接口，类似的还有 RJ-11 接口，就是我们平常使用的电话接口，用来连接电话线。人们之所把它称为水晶头，是因为它的外壳材料采用高密度的聚乙烯，外表晶莹透亮。水晶头适用于设备间或水平子系统间的现场端接，每条双绞线的两头可通过安装水晶头与网卡端口、集线器、交换机或电话等设备相连。

水晶头的触点是 8 片很薄的铜片，将网线的绝缘皮拔掉后，把里面的 8 根铜丝放入水晶头，水晶头受到网线钳的压力，铜片便向内切入 8 根铜丝的绝缘层并与铜丝接触，即可连通。

1. 水晶头的分类

（1）RJ-45 水晶头。RJ-45 水晶头是一种只能沿固定方向插入并防止脱落的塑料接头，将双绞线的两端安装在 RJ-45 水晶头上后，便可以插在网卡、集线器或交换机的 RJ-45 接口上进行网络通信。

（2）CAT6A 水晶头。CAT6A 水晶头的外表类似于 RJ-45 水晶头，也有 8 根针脚，但其内部线槽的结构不同于 RJ-45 水晶头。CAT6A 水晶头是一种专门连接 CAT6 或 CAT6A 线的接头，接头可向下兼容 RJ-45 接口，可用于传输速率为 10 Gbps 的网络连接。

（3）RJ-11 水晶头。RJ-11 水晶头和 RJ-45 水晶头类似，但只有 4 根针脚。在计算机系统中，RJ-11 水晶头主要用来连接调制解调器，在日常应用中，RJ-11 水晶头常在制作电话线时被使用。

（4）RJ-12 水晶头。RJ-12 水晶头通常适用于语音通信，其结构和 RJ-11 水晶头类似，但是它有 6 根针脚，此外还衍生出了六槽四针和六槽两针 2 种类型的 RJ-12 水晶头。

不同分类的水晶头实物图如图 8-12 所示。

图 8-12　不同分类的水晶头实物图

2. 水晶头识别

1）确认标志

优质产品在塑料弹片上都有厂商的标志，如图 8-13 所示，最好不要选用没有厂商标志的水晶头。

（a）　　　　　　　　（b）

图 8-13　水晶头品牌标志

2）测试弹片弹性

如果水晶头的品质好，在用手指拨动弹片时会听到"铮铮"的声音，将弹片拨动到与器身呈 90 度角时弹片也不会折断，在松手以后便会恢复原状且弹性不会改变。在将做好的水晶头插入集线设备或者网卡时能听到清脆的"咔"声。

目前市面上还有一种金属弹片水晶头，其弹片是可以单独拆卸的，解决了塑料弹片容易断裂或失去弹性的问题。常见金属弹片水晶头如图 8-14 所示。

图 8-14　金属弹片水晶头

3）观察铜片

优质水晶头的铜片比较粗、厚，颜色纯正光亮。劣质水晶头的铜片颜色不纯，较为暗淡，甚至发黑或有黑斑，金属接触片也比较细、薄，并且在压线的时候内部铜片会出现压偏和不对称的现象。

优质水晶头的铜片触点应该是三叉触点，因为三叉触点与线芯的接触更充分和稳定、传导性更强、传输速率更快，常见水晶头铜片如图 8-15（a）所示。

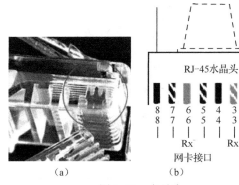

（a）　　　　　　　（b）

图 8-15　水晶头

4）测试水晶头的可塑性及规格

在压制水晶头时应使用优质的压线钳，若水晶头的可塑性差会发生碎裂、变形等现象。在压制过程中，若水晶头难以放入压线钳的压制口或放入后过于松动，则说明此水晶头的规格偏大或偏小，属于劣质水晶头。

3. RJ-45 水晶头各脚功能（10BASE-T/100BASE-TX）

在数据传输的过程中，各个针脚要正负极相互对应，所以在通信标准中定义了每个针脚是负责传输数据还是接收数据，及其正负极。采用 EIA/TIA-568B 标准的 RJ-45 水晶头连接示意如图 8-15（b）所示，其各脚功能具体如下：

（1）1 号脚传输数据正极 Tx+。

（2）2 号脚传输数据负极 Tx-。

（3）3 号脚接收数据正极 Rx+。

（4）4 号脚备用（当 1、2、3、6 号脚出现故障时，自动切入使用状态）。

（5）5 号脚备用（当 1、2、3、6 号脚出现故障时，自动切入使用状态）。

（6）6 号脚接收数据负极 Rx-。

（7）7 号脚备用（当 1、2、3、6 号脚出现故障时，自动切入使用状态）。

（8）8 号脚备用（当 1、2、3、6 号脚出现故障时，自动切入使用状态）。

其中 4、5、7、8 号脚连接的线在有需要的情况下会被作为 POE 供电线路，其中以 4、

5 号脚为一组或者 7、8 号脚为一组。

8.3 网络测线仪的使用

在网线中心使用一台以上的主机时，须先检测网络测线仪的显示方式，检测方式有 4 种：正显（正序显示）、显示路数时闪一次，倒显（倒序显示）、显示路数时闪一次，正显、显示路数时闪两次，倒显、显示路数时闪两次。接下来，只需要依次把网线拉入主机的接线口中，即可持网络测线仪到终端处进行检测。某网络测线仪实物图如图 8-16 所示。

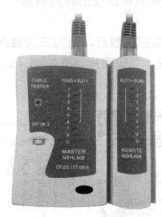

图 8-16 网络测线仪实物图

网络测线仪的使用方法为：将网线的一端接入网络测线仪的一个 RJ-45 插口，将另一端接入另一个 RJ-45 插口。在网络测线仪上有两组与之相对应的指示灯，开始测试后，这两组灯一对一地亮起来，比如第一组是 1 号灯亮，则另一组也是 1 号灯亮，并依次闪烁直到 8 号灯亮。如果哪一组的灯没有亮，则表示相应序号的线路有问题，因为网络测线仪上的指示灯一一对应，所以线路连接情况一般可以按照排线顺序推测出来。在通常情况下，如果水晶头的线序做错，则要换个水晶头重新制作。

网络测线仪采用了先进的微电脑技术，网络中心用主机对所有网线时时发送检测信号，只需要一名工作人员在终端进行测试就能判断出该线路的状况，如正常、开路、短路、绞线，以及该网线在某主机的第几口等信息。一台主机可同时对 8 路网线进行检测，一般的主机有 2 个设置开关，可以实现在网线较多时同时使用多个主机的功能（1～4 个，一次最多可检测 32 路网线）。

下面我们将通过 2 个案例介绍网络测线仪在实际使用过程中存在的问题。

案例 1 在网络无法通信时的故障查找

单位最近对办公室进行了重新装修，在装修时将办公场所做成了隔断形式。为了让每个隔断位置都能上网，在正式对办公场所进行装修之前，布线人员先对每个隔断位置进行了网络布线。网线的一端放置在一楼下面的主机房内，另外一端放置在办公室的每个隔断位置处。在布置网线的时候，布线人员怕麻烦，就没有对每条网线分别做记号。待所有网线布置好后，布线人员却无法识别哪根网线对应的是哪个隔断位置。在情急之下，布线人员只好找来网络测线仪，并安排两个人分别到办公室的每个隔断位置处和一楼的主机房处，通过网络测线仪对每根网线的连通性进行测试，以明确隔断位置和网线的对应关系。

在用网络测线仪测试网线的连通性时，一个人位于办公室的隔断位置处，另外一个人位于一楼的主机房处，两个人通过电话进行工作协调。在办公室隔断位置的工作人员先用网络测线仪将其中一根网线的一头连接好，然后在主机房的另一位工作人员再将网线的另一头连接至网络测线仪。如果网络测线仪的连通信号灯不亮的话，就表明插入网络测线仪的两端网线的接头并不是同一根网线的接头，此时就可以换插其他网线的接头。当网络测线仪连通信号灯依次闪烁的时候，则表明此时插入网络测线仪的两端网线的接头是同一根网线的接头。按照这样的方法，布线人员很快就将有连通信号的网线接头找到了。

可是，在用这根测试连通的网线将计算机与主机房的交换机相连，并对该计算机的上网参数进行正确配置后，布线人员却发现该计算机无法上网。在打开该计算机的网络连接属性设置窗口后，布线人员发现该计算机只能向外发送信息，无法接收来自外部的信息。在排除网卡设备安装以及上网参数设置的因素后，布线人员又重新将排查重点聚焦到网线上。这次，布线人员用网络测线仪找到具有连通信号的网线接头后，又将其他网线的接头插到网络测线仪中进行测试，结果发现对应办公室某隔断位置处的一个网线接头在主机房内竟有两根网线的接头能测试到连通信号。很显然，这样的网络连接测试结果是错误的，那为什么网络测线仪会测试出这种虚假结果呢？又该怎样来找到真正连通的网线呢？

按照理论分析，在某一时刻只能有一条网线被测试出有连通信号，但在测试中却有两条网线同时具有连通信号，于是布线人员顺着有连通信号的网线的走线位置进行排查，发现某一网线的接头并没有与接口模块进行连接，且该网线接头处的塑料外皮已经被剥开，内部几根铜线芯相互缠绕在一起。原来，在布置网线的时候，布线人员在制作该网络接口模块时，由于中途被其他事情打岔，后来就把这个没有做完的模块给忘记了。这样一来，这根网线的一头其实发生了短接，另外一头在用网络测线仪测试时，自然也是有连通信号的，这就是布线人员为什么找到两个接头同时具有连通信号的原因了。找到原因后，布线人员迅速将短接在一起的网络线芯分开，并重新做好了网络接口模块。当再次用网络测线仪测试时，发现此时只有一个线头具有连通信号。当用具有连通信号的网络线缆将计算机连接到交换机中进行上网测试时，发现计算机通信正常。

案例 2　在网络通信不良时的故障查找

为了顺利完成一项活动，办公室从其他部门抽调了一名员工协同工作，为了便于新来的同事能够上网查找材料，办公室准备新买一台计算机，同时要求网络中心为办公室新增加一个网络接点。接到办公室布置的任务后，网络中心的工作人员迅速布下网线，并将网线的一头通过跳线的方式与墙壁上的模块插座相连，另外一头通过水晶头连接到网络测线仪的对应端口中。开始测试后，网络测线仪控制面板中的连通信号灯依次处于闪亮状态，从测试结果来看，新布置的网线是没有问题的。

但在使用时，新同事发现，网络的连接状态非常不稳定，总是时断时续，而且在位于系统托盘区域处的本地连接图标上不时有红叉标志出现，计算机的上网速度非常缓慢。根据故障现象，工作人员起初认为是网络连接的接触不良，于是对相应的接口以及设备进行了分别检查，但并没有找到任何可疑的因素。接下来，工作人员又使用替换相关设备和端口的方法，并仔细查阅了相关网络测试报告，得出网卡设备安装、计算机系统本身、交换机连接端口以及线缆的跳线方式都是正确的。在排除了上面这几种因素的影响后，工作人员认为计算机通信时断时续的故障很有可能是网络接口模块到交换机之间的网络连接线路问题引起的。

当工作人员再次使用网络测线仪对这段线路之间的网络连通性进行测试时，发现在网络测线仪控制面板中的信号灯仍然处于闪亮状态，这一结果表明这段网络线路应该是正常的。在万般无奈之际，工作人员找来了一根备用的网线，将新计算机直接和交换机原来的端口连接在了一起，结果发现新计算机上网速度立即恢复正常了。显然，连接模块的这段网线还是存在问题。于是，工作人员将网线的走线槽打开，然后对网线的具体走线线路进行仔细检查，终于发现故障的根源所在，原来在固定网线时，工作人员不小心将一根钉子钉在了网线上，这样就造成了网络线芯内部出现了信号短路的故障，最终引起了在计算机上网时断时续的现象。在把出问题的网络线缆替换后，工作人员再次进行了上网测试，发现计算机的上网速度恢复正常了。

通过上面的两则故障实例，我们发现，在网络线路处于短路的情况下，网络测线仪对网线的连通性测试并不一定准确。如果我们一味地相信网络测线仪的测试结果，就很容易在排除网络连接故障时多走弯路，所以我们要学会辩证地看待事物。

课堂任务 8

本章的课堂任务为制作网线，主要的操作步骤如下。

1）剪断

从线箱中根据实际走线情况取出一定长度的网线后，使用网线钳将其剪断。注意：当有多余的网线布放在两终端间时，应按照实际需要的长度将其剪断，而不应将其卷起并捆绑起来。

2）剥皮

网线钳剥线口的刀口在合拢后是有缝隙的，刚好可以切入线材的外皮而不会切入线材的内芯，方便剥离线材的外皮。在剥线时，将网线放入剥线口后，合拢手柄使刀口合并，并旋转网线几圈，然后顺网线的主体方向稍微用力缓缓拉动，此时外皮将顺着线头脱离。要注意应从端口开始将网线外皮剥去大于 40 mm，并露出 4 对线芯。旋转及拉出网线操作图分别如图 8-17、图 8-18 所示。

图 8-17　旋转网线操作图

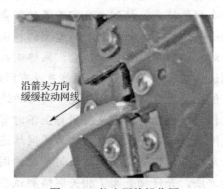

图 8-18　拉出网线操作图

在操作时，注意不要损伤到网线中的线芯，网线中线芯的外皮不需要剥掉。应在将双绞线反向缠绕开后，根据 EIA/TIA-568B 或 EIA/TIA-568A 标准排好线序。

在剥皮时应注意线材的剥口一定要整齐，剥去的线材长度不应超过 15 mm，以保证最终成品的芯线不会裸露在水晶头外。剥线过长一是不美观，二是由于网线不能被水晶头卡住，容易导致网线与水晶头的连接部分松动，三是容易引起较大的近端串扰；剥线过短的话会存在外表皮，很难将线芯完全插到水晶头的底部，可能会使水晶头针脚不能与网线线芯良好接触。

3）排序

在剥除外表皮后即可看到网线 4 个线对的共 8 条线芯，并且可以看到每对线芯的颜色都各不相同。每对缠绕的两根线芯由一种染有相应颜色的全色线芯加上一条只染有少许相应颜色并与白色相间的线芯组成。4 条全色线芯的颜色分别为棕色、橙色、绿色、蓝色。每对线都是相互缠绕在一起的，在制作网线时需要将 4 个线对的 8 条线芯一一拆开、理顺、捋直，然后按照规定的线序排列整齐，如图 8-19 所示。

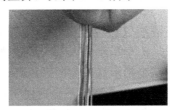

图 8-19　排列线序

在排序时注意：将水晶头有弹片的一面向下，有针脚的一面向上，使有针脚的一端指向远离自己的方向，有方型孔的一端对着自己。此时，最左边的针脚是第 1 脚，最右边的针脚是第 8 脚，其余针脚按照顺序依次排列。

4）剪齐

把线芯尽量抻直（不要缠绕）、压平（不要重叠）、挤紧并理顺（朝一个方向紧靠），然后用网线钳把线头剪齐。这样，在双绞线插入水晶头后，每条线芯都能良好接触水晶头中的针脚。如果剥去的表皮过长，就可以将过长的线芯剪短，保留去掉外层绝缘皮的线芯不超过 15 mm，这个长度正好能将各线芯插入各自的线槽中。

5）插入

用拇指和中指捏住水晶头，使有弹片的一侧向下，针脚一方朝向自己的方向，并用食指抵住。用另一只手捏住双绞线外面的胶皮，缓缓用力将 8 条线芯同时沿 RJ-45 水晶头的 8 个线槽插入，一直插到线槽的顶端。同时，应保证线缆的护套也恰好进入水晶头，如图 8-20 所示。

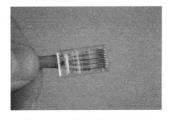

图 8-20　将网线插入插头

6）压制

确认所有线芯的位置正确，并透过水晶头检查线序无误后，就可以用网线钳压制 RJ-45 水晶头了。将 RJ-45 水晶头推入网线钳的夹槽后，用力握紧网线钳，将突出在外面的针脚全部压入水晶头内，如图 8-21 所示。

图 8-21　压制水晶头

7）测试

在网线做好后一定要用网络测线仪进行测试，否则在安装以后再进行查错会非常麻烦。在网络测线仪的面板上提供了 8 个指示灯以对应接线情况，通过指示灯可以清楚地知道线序的情况。如果测试仪上的 8 个指示灯依次闪烁绿灯，则证明网线制作成功，如果灯不按顺序循环点亮则说明线序接错，如果个别灯不亮则说明存在断线问题。

如果出现任何一个灯为红灯或黄灯，都证明线缆存在断路或者接触不良的现象。此时最好先把两端水晶头再用网线钳压制一次并再次进行测试，如果依旧存在问题，就需要检查两端线芯的排列顺序是否一致，如果线芯顺序不一致，应剪掉其中的一端并重新按另一端线芯的排列顺序制作水晶头，如果线芯顺序一致，但测试仪在重测后仍显示红灯或黄灯，则表明其中存在对应线芯接触不良的情况。如果故障消失，则不必重做另一端的水晶头，否则需要把另一端的水晶头也剪掉重做，直至在测试时全都为绿色指示灯循环点亮。如果做的是直通线，测试仪上的灯应按顺序依次循环点亮，如果做的是交叉线，测试仪上的灯的点亮顺序应该为 3、6、1、4、5、2、7、8 号灯依次点亮。

 扫一扫看网
线的制作练
习题与答案

 扫一扫下载
网线的制作
测试题

第9章

综合配线架的分类与制作

教学内容

1. 综合配线架的原理与特点。
2. 综合配线架的分类及应用。
3. 制作配线架的相关工具。
4. 网络配线架的制作示例。

技能要求

1. 熟悉配线架的原理与两种配线架的特点。
2. 能正确完成两种配线架的制作和测试，并使用网络测线仪对其进行测试。

扫一扫看配
线架的端接
教学课件

扫一扫看配
线架的制作
微课视频

配线架是在管理子系统中最重要的组件之一，是实现垂直布线和水平布线两个子系统交叉连接的枢纽，是在局端对前端信息点进行管理的模块化的设备。配线架通常被安装在机柜中或墙上，在应用时，前端的信息点线缆（超五类或者六类线）在进入设备间后首先进入配线架，将线固定在配线架的模块上，然后通过跳线的方式连接配线架与交换机。通过安装附件，配线架可以满足 UTP、STP、同轴电缆、光纤及音视频等的配线需要。在网络工程中常用的配线架有双绞线配线架和光纤配线架，并且根据使用地点和用途的不同，分为总配线架和中间配线架两大类。

配线架实物图如图 9-1 所示。

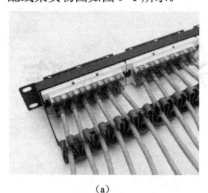

(a)   (b)

图 9-1　配线架实物图

ISO/IEC 11801：2002 配线架——适用于以跳线方式进行连接的配线装置器，它使布线系统的移动和改变更加便利。

ANSI/TIA-568B 配线架——由方便管理的成对的连接器构成的交叉连接系统。

9.1　综合配线架的特点与分类

配线架是起到管理作用的设备，如果没有配线架，前端的设备将直接接入交换机，线缆一旦出现问题，就需要进行重新布线。另外，配线架可以通过更换跳线的方式实现较好的管理，解决了因多次插拔引起的交换机端口损坏的问题。

综合配线架与传统配线架相比有许多优越之处，主要表现在它的兼容性、开放性、灵活性、可靠性、先进性和经济性比较理想，而且在设计、施工和维护等方面也为人们带来了许多便利。

9.1.1　综合配线架的特点

1．兼容性

综合配线架的首要特点就是它的兼容性。所谓兼容性就是指它自身是完全独立的，与应用系统相对无关，可以适用于多种应用系统。

过去，在为一幢大楼或一个建筑群布线时，往往需要采用不同厂家生产的电缆线、配线插座以及接头等。例如，用户交换机通常采用双绞线进行连接，计算机系统通常采用粗同轴电缆或细同轴电缆进行连接。这些不同的设备在配线时使用不同的配线材料，而连接这些配线的插头、插座及端子板也各不相同，彼此互不相容。一旦需要改变终端机或电话机的位置，就必须敷设新的线缆以及安装新的插座和接头。而综合配线架将语音、数据与监控设备等的信号线经过统一的规划和设计，采用相同的传输媒体、信息插座（通信引出端）、交连设备、适配器等，把不同的信号融入一套布线标准。由此可见，综合配线架与传统配线架相比兼容性大大增加，可节约大量的物资、时间和空间。

在使用时，用户可以不定义某个工作区信息插座的具体应用，只需要把某种终端设备（如个人计算机、电话、视频设备等）插入这个信息插座，然后在管理间和设备间的设备上进行相应的接线操作，这个终端设备就被接入各自的系统了。

2. 开放性

传统配线架的布线方式是：只要用户选定了某种设备，也就相当于选定了与之相对应的布线方式和传输媒体，如果更换另一设备，那么原来的布线就要全部更换。对于一个已经完工的建筑物来说，这种改变是十分困难的，要增加很多投资。

综合配线架由于采用开放式结构，符合多种国际标准，因此它对大部分的产品都是开放的，而且它几乎对所有的通信协议都是支持的，如 ISO/IEC 8802-3、ISO/IEC 8802-5 等。

3. 灵活性

传统配线架的布线方式是封闭式的，其体系结构是固定的，若要迁移或增加设备是相当困难且麻烦的，甚至是不可能的。

综合配线架的布线采用标准的传输线缆和相关连接硬件，并且采用模块化设计方式。因此，它所有的通道都是通用的，每条通道都支持终端、以太网工作站及令牌环网工作站。所有设备的开通及更改均不需要改变布线，只须增减相应的应用设备以及在配线架上进行必要的跳线管理即可。另外，综合配线架的组网方式比较灵活多样，甚至在同一房间内存在多用户终端，可以使以太网工作站、令牌环网工作站并存，这为用户的组织信息流提供了必要条件。

4. 可靠性

传统配线架的布线方式由于在各个应用系统中互不兼容，所以在一个建筑物中往往要有多种布线方案。因此建筑系统的可靠性要由所选用的布线方式的可靠性来保证，当各应用系统布线不当时，还会造成交叉干扰。

综合配线架采用高品质的材料和组合压接的方式构成了一套高标准的信息传输通道。所有线槽和相关连接硬件均通过 ISO 认证，每条通道都采用专用仪器测试链路阻抗及衰减率，以保证其电气性能。综合配线架全部采用点到点端接的方式，任何一条链路的故障均不影响其他链路的运行，这也为链路的运行维护及故障检修提供了方便，从而保障了应用系统的可靠运行。另外，因为各应用系统往往采用相同的传输媒体，所以可互为备用，提高了备用冗余。

5. 先进性

综合配线架采用光纤与双绞线混合的布线方式，能够极为合理地构成一套完整的布线。

其所有布线均采用最新的通信标准，链路均按八芯双绞线的规格进行配置。还可以针对特殊用户的需求将光纤引到桌面进行应用。在综合布线的语音干线部分使用钢缆结构，数据部分使用光缆结构,能够为同时传输多路实时多媒体信息提供足够的带宽容量。

6. 经济性

综合配线架的布线方式比传统配线架的布线方式更加经济,综合布线可适应系统较长时间的需求,而传统布线的改造花费很大,改造造成的时间上的损失更是无法用金钱计算。

我们了解到,综合配线架较好地解决了传统配线架在配线时存在的许多问题。随着科学技术的迅速发展,人们对信息资源共享的要求也越来越迫切。随着以电话业务为主的通信网逐渐向综合业务数字网(ISDN)过渡,人们越来越重视能够同时提供语音、数据和视频传输的集成通信网。因此,综合布线方式取代单一、昂贵、复杂的传统布线方式,是"信息时代"的要求,也是世界发展的必然趋势。

9.1.2 综合配线架的分类

1. 双绞线配线架

双绞线配线架大多被用于水平配线,主要分为 24 口和 48 口两种类型。其前面板用于连接集线设备的 RJ-45 端口,后面板用于连接从信息插座延伸出来的双绞线。另外,在屏蔽布线系统中,应当选用屏蔽双绞线配线架,以确保屏蔽系统的完整性。某配线架整理线缆示意如图 9-2 所示。

图 9-2 配线架整理线缆

双绞线配线架的作用是在管理子系统时将双绞线进行交叉连接,多用在主配线间和各分配线间中。双绞线配线架的型号有很多,每个厂商都有自己的产品系列,并且对应三类、五类、超五类、六类和七类的线缆也有不同的规格和型号。在具体项目中,应参阅产品手册,根据实际情况进行配置。

2. 光纤终端盒

光纤终端盒是一条光缆的终接头,它的一头是光缆,另一头是尾纤,相当于把一条光缆拆分成单条光纤的设备。光纤终端盒大多被用于垂直布线和建筑群布线,根据结构的不同,还可分为壁挂式光纤终端盒和机架式光纤终端盒。

壁挂式光纤终端盒可以直接将机身固定在墙体上,一般为箱体结构,适用于光缆条数和光纤芯数都较小的场所。

机架式光纤终端盒可以直接将机身安装在标准机柜中,适用于规模较大的光纤网络。用户可根据光缆的数量和规格选择对应的模块，便于网络的调整和扩展。光纤终端盒如图 9-3 所示。

图 9-3 光纤终端盒

3. 适配器

适配器是一种使不同尺寸或类型的插头与信息插座相匹配从而使光纤连接的应用系统设备顺利接入网络的器件。适配器一般被固定在光纤终端盒或信息插座上，用于实现光纤连接器之间的连接，并使光纤之间保持正确的对准角度。

在通常情况下，终端设备可以通过跳线的方式连接至信息插座，无须使用任何适配器。但如果因为终端设备与信息插座间的插头不匹配或与线缆的阻抗不匹配，无法直接使用信息插座的话，就要借助适当的适配器或平衡/非平衡转换器进行转换，从而实现终端设备与信息插座之间的相互兼容。

4. 总配线架

总配线架（简称 MDF）是连接用户线路和局内相应用户设备的配线架，起到测试线路、配线和保护局内设备的作用。

总配线架一面是直列（纵列），一面是横列，直列可安装保安排，横列一般会安装试验排或接线排。对于不需要保护的中继线或专线，也可将试验排或接线排装入直列。同型号的总配线架为适应扩建的需要可以进行拼接。传统总配线架一般由于容量小，多采用箱式结构。早期的总配线架体积大，每直列的最大容量为 303 回线。保安排采用每块 20 回线或21 回线的炭精形避雷器并采用热线圈限制电流；试验排为每块 20 回线，采用四线弹片式结构，隔开弹片就可以分开引入线和引出线。新型总配线架为了更好地配合程控交换机，缩小了体积，减轻了重量，每直列可容 1000 回线。保安排为每块 100 回线，采用金属放电管以防止高压和过流现象发生；试验排为每块 128 回线，可分离接触簧片，便于分隔线路进行测试。新型总配线架与接线端相连接的导线均有各自独立的走线槽，在安装维护时比较方便。新型总配线架的保安排采用卡接的方式进行接线，在卡接时不需要剥除导线的绝缘层；试验排采用绕接的方式进行接线。这两种接线方式均具有简便、可靠、迅速、无污染的特点。

总配线架的主要功能有：（1）保安作用。对用户线触碰高压电线或流过较大电流起到保护作用。（2）配线。任何用户均可选择通信局内的编号，不同通信局间的中继线可以选择占用通信局内的中继模块，以及根据专线的需要连通通信局间和相关用户线。

5. 中间配线架

中间配线架（简称 IDF）是连接电话交换机内部机间出入线的配线架。其结构也分为直列和横列两面，直列连接设备的出线，横列连接设备的入线，直列和横列均装置接线排。

中间配线架的功能主要是调配各级交换设备间的出入线，以充分发挥各级交换设备的作用。

9.2 制作配线架的工具

在上一章中介绍了 RJ-45 连接器，但在实际生产中常用到 RJ-45 插座模块。

9.2.1 RJ-45 插座模块

常见的 RJ-45 插座模块是在布线系统中信息插座（即通信引出端）连接器的一种，由插头和插座两部分组成，这两种元器件组成的连接器连接在导线之间，实现导线的电气连续性。RJ-45 插座模块就是在信息插座连接器中最重要的一种插座。

RJ-45 插座模块的核心是模块化插孔。镀金的导线和插座孔可以维持稳定和可靠的连接。由于弹片与插孔间的摩擦作用，电接触会随着插头的插入而得到进一步加强。插孔的主体设计采用整体锁定机制，当模块化插头插入插孔时，在插头和插孔的界面外可产生最大的拉拔强度。在 RJ-45 插座模块上的接线模块通过"U"形接线槽连接双绞线，锁定弹片后就可以在面板等信息出口装置上固定 RJ-45 插座模块。

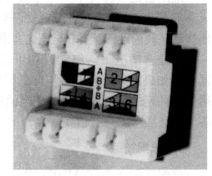

图 9-4　信息模块的颜色标志

信息模块或 RJ-45 插座模块的连接有 EIA/TIA-568A 和 EIA/TIA-568B 两种线序结构，关于线序结构的内容在本书的 8.1.2 节中已有叙述。信息模块的颜色标志如图 9-4 所示。

在网络通信领域中较为常见的基本 RJ 插座模块有 4 种，每一种基本 RJ 插座模块都可以连接不同构造的 RJ 接头。

RJ-45 插座模块上的接线模块是通过线槽连接双绞线的，在锁定弹片之后便可以在面板等信息出口装置上固定 RJ-45 插座模块。RJ-45 插座模块结构如图 9-5 所示。某信息模块实物图如图 9-6 所示。

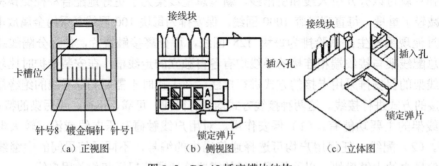

（a）正视图　　　　　（b）侧视图　　　　　（c）立体图

图 9-5　RJ-45 插座模块结构

在一些新型设计中，多媒体应用模块的接口看起来与标准的数据/语音模块接口没有太大的区别，这种趋于统一的模块化设计带来的好处是各模块可以使用相同规格的安装配件。各类应用的模块接口如图 9-7 所示。

图 9-6　信息模块实物图

（a）数据接口模块　　（b）数据接口模块　　（c）语音接口模型

（d）S端子接口模块　（e）光纤接口模块　（f）MT-RJ型接口模块

图 9-7　各类应用的模块接口

9.2.2　打线钳

在制作传统信息模块的过程中，打线是必不可少的一部分。打线模块具有使用灵活、接触性好、后期维护方便、较少出现故障等特点，常用于网络布线。而打线钳就是用来将网线卡入模块的工具，打线钳打线示意如图 9-8 所示。

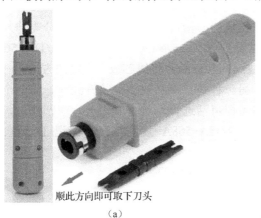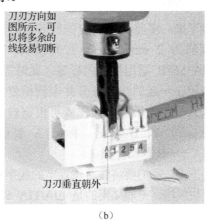

顺此方向即可取下刀头

（a）　　　　　　　　　　　　　　　　　（b）

图 9-8　打线钳打线

9.2.3　网络配线架

网络配线架是在局端对前端信息点进行管理的模块化的设备，某网络配线架实物图如图 9-9 所示。其用法和用量主要是根据总体网络点的数量、该楼层以及相近楼层网络点数量配置的，且对于不同的建筑和系统设计，主设备间的网络配线架都会有所不同。比如，一栋 4 层的建筑，主设备间在 1 层，所有楼层的网络点均进入该设备间，那么配线架的数量就等于该建筑所有的网络点/配线架的端口数（24 口、48 口等），再加上一定的余量。再比如，一栋 9 层的建筑，主设备间在 4 层，那么为了避免线缆超长，可能在每层都设置分设备间，并设交换设备，那么主设备间的配线架就等于 4 层的网络点数量/配线架的端口数。某网络配线架安装完成图如图 9-10 所示。

图 9-9　网络配线架实物图　　　　　图 9-10　网络配线架安装完成图

课堂任务 9

按步骤制作网络配线架。

1. 剥线

首先，在距离双绞线末端约 3 cm 处，用网线钳剥除其外皮。在剥皮的过程中注意，线头需要放在剥线钳的刀口处，然后将双绞线慢慢旋转，直至刀口将其保护套划开，再拔下胶皮。

2. 放线芯

接下来，要将剥掉胶皮的线芯放入信息模块的凹槽内，此时线的护套部分需伸入槽内的长度约为 2 mm 左右。打开模块，可以看到 CAT5E/6 的标志以及 EIA/TIA-568A、EIA/TIA-568B 通用线序的标签。此时需要注意，共有两种将线芯放入卡槽的方式。一种是将两根绞在一起的线对分开并卡到槽位上；另一种是直接从线头处挤开线对，将两个线芯同时卡入相邻的槽位。操作者可根据自己的习惯灵活选择两种方式之一。在凹槽内，通常会有色标和 A、B 标记，标记 A 表示按 EIA/TIA-568A 规则打线，标记 B 则表示按 EIA/TIA-568B 规则打线。

接下来，我们要将线芯按规定的线序要求依次嵌入对应的端接模块线槽，一般采用的是 EIA/TIA-568B 打线法（即以橙白、橙、绿白、蓝、蓝白、绿、棕白、棕色的顺序进行打线）。首先根据模块上的图标将线芯与凹槽一一对应，然后将绿色线对与橙色线对分开并放入对应的打线端口后拉紧，接着用打线钳进行压制。棕色线对的节间距较大，须绞紧一圈再进行操作，以避免头部线缆扳直后松开。将两对线按色标放好后，用打线钳进行压制。放线芯操作如图 9-11 所示。

图 9-11　放线芯操作

3. 打线

将线芯全部放入对应的槽位后，再仔细检查一遍线芯的顺序是否正确。在确认无误后，即可使用网线钳进行打线。在打线时，网线钳需要与模块垂直，刀口向外，将每一条线芯压入槽位后，按压网线钳，在听到"咔嗒"声后，将伸出槽位的多余的线头剪断。盖上压接帽，最终压接效果如图 9-12 所示。

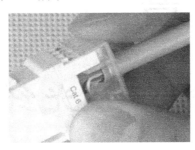

图 9-12　最终压接效果

压接好模块后，打线工作就进入收尾阶段了，在为模块安装上保护帽，把线板卡入槽内后，一个信息模块就完成了。

4. 上架

将已完成压接的模块置于背板背部，用力使模块插入背板背部的卡槽，如图 9-13 所示，某配线架正面图如图 9-14 所示，某成型的网络配线架效果图如图 9-15 所示。为了安全起见，本次试验请先将模块安装至配线架再进行打线操作。

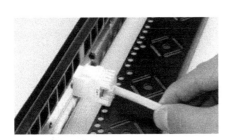

图 9-13　模块置于背板背部　　　　　　图 9-14　配线架正面图

图 9-15　成型的网络配线架效果图

5. 测试

将网线插接到打好线的配线架上，并用网络测线仪进行测试。

第10章

光缆、光纤及光纤的熔接

教学内容

1. 光缆、光纤的结构及种类。
2. 光缆的型号。
3. 光缆纤序的排列及色谱。
4. 光缆的端别。
5. 光纤熔接机的结构。
6. 光纤熔接机的工作原理。
7. 光纤熔接机的使用步骤。
8. 光纤熔接机的参数设置。

扫一扫看光缆
接头盒的制作
操作视频

技能要求

1. 掌握光纤的结构。
2. 能识别光缆的型号。
3. 能正确说出光纤纤序及对应的色谱。
4. 能正确判断光缆端别。
5. 了解光纤熔接机的结构。
6. 了解光纤熔接机的工作原理。
7. 能熟练地进行光纤的熔接操作。
8. 能正确地对光纤熔接机进行参数设置。

扫一扫看光缆
接头盒的制作
微课视频

光纤通信是现代信息传输的重要方式之一，它具有容量大、中继距离长、保密性好、不受电磁干扰和节省铜材等优点。

近年来，我国在多重利好政策的推动下，光纤光缆行业取得了较好的发展成果，中国也成为全球最主要的光纤光缆市场和全球最大的光纤光缆制造国，取得了引人瞩目的成就。

10.1　光纤、光缆的结构与种类

10.1.1　光纤的结构

光纤就是用来导光的透明介质纤维，是由多层透明介质构成的，一般光纤的结构如图 10-1 所示，可以分为 3 层：纤芯、包层和涂覆层，其中纤芯的折射率较大，包层和涂覆层的折射率较小。纤芯和包层的结构满足导光要求，能够控制光波沿纤芯进行传播，涂覆层主要起到保护作用（因不作导光用途，所以可以被染成各种颜色）。

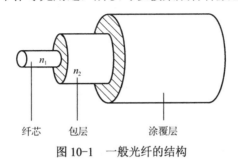

扫一扫看通信光缆相关教学课件

扫一扫看光缆的结构电子教案

纤芯　　　包层　　　涂覆层

图 10-1　一般光纤的结构

光纤传输的原理是可用光在两种介质界面发生全反射。在图 10-1 中，n_1 为纤芯介质的折射率，n_2 为包层介质的折射率。因为 n_1 大于 n_2，所以当进入纤芯的光在纤芯与包层交界面（简称芯-包界面）的入射角大于全反射的临界角 θ_c 时，就能发生全反射现象且没有光能量可以透出纤芯，入射光也就能在界面中经无数次全反射向前传输。当光纤弯曲时，界面法线转向，入射角度小，一部分光因入射角度小于 θ_c 而不能发生全反射，但此时入射角较大的光仍可发生全反射。所以在光纤弯曲时，光仍然能够传输，但将引起能量损耗。通常，在光纤弯曲半径较大（大于 50 mm）时，其损耗可忽略不计，但微小的弯曲将使光的传输出现严重的微弯损耗现象。

10.1.2　光纤的种类

光纤的种类有很多，根据用途的不同，每种光纤的功能和性能也有差异。但在有线电视和通信领域中使用的光纤，其设计和制造的原则和特点基本相同，比如：（1）传输损耗小；（2）有一定的带宽且色散小；（3）接线容易；（4）标准统一；（5）可靠性高；（6）制造比较简单；（7）价格低廉等。

光纤主要是从工作波长、折射率的分布方式、传输模式和原材料这几方面进行分类的。

（1）光纤按照工作波长可分为：紫外光纤、近红外光纤和中红外光纤等（一般光纤的工作波长规格为 0.85 μm、1.3 μm、1.55 μm）。

（2）光纤按照折射率的分布方式可分为：阶跃折射率光纤、渐变折射率光纤和其他光纤（如三角型光纤、W 型光纤、凹陷型光纤）等。

阶跃折射率光纤在纤芯部分的折射率不变，在芯-包界面的折射率突变，在纤芯中的光线轨迹呈锯齿形折线。这种光纤的模间色散高，传输频带不宽，常被做成大芯径、大数值孔径（NA）（如芯径为 100 μm、数值孔径为 0.30）的光纤，以提高与光源的耦合效率，适用于短距离、小容量的通信系统。

渐变折射率光纤在纤芯中心的折射率最高，并沿径向渐变，其变化规律一般符合抛物线规律，在芯-包界面时折射率降到与包层区域的折射率 n_2 相等的数值。

（3）光纤按照传输模式可分为：单模光纤（含偏振保持光纤、非偏振保持光纤）和多模光纤。

单模光纤（SMF）是指在工作波长中只能传输一种模式的光信号的光纤，是目前在有线电视和光通信领域中应用最广泛的光纤。

多模光纤（MMF）是指在工作波长中可以传输多个模式的光信号的光纤。一般的多模光纤的纤芯直径为 50～100 μm，传输模式可达几百个，与单模光纤相比其传输带宽主要受到模式色散的控制。

（4）光纤按照原材料的种类可分为：石英光纤、多成分玻璃光纤、塑料光纤、复合材料光纤（如塑料包层光纤、液体纤芯光纤等）和红外材料光纤等。光纤的涂覆层材料可分为无机材料（碳等）、金属材料（铜、镍等）和塑料等。

10.1.3　光缆的结构

由于光纤比较脆弱，极易受到损伤，所以光纤需要进行成缆操作。光缆是将一定数量的光纤按照一定方式组成缆心，外包护套或外护层，用来实现光信号传输的一种通信线路。常用光缆实物图如图 10-2 所示。常用的光缆分为室内光缆和室外光缆两大类，本书主要介绍室外光缆。

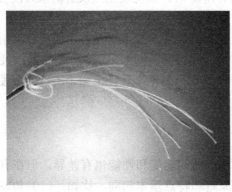

（a）　　　　　　　　　　　　　（b）

图 10-2　光缆实物图

光缆根据用途和使用环境的不同分为很多种，但无论是哪种光缆，都是由缆芯、加强元件和护套层组成的。

1. 缆芯

缆芯由光纤线芯组成，分为单芯型缆芯和多芯型缆芯两种。单芯型缆芯是由单根经二

次涂覆处理的光纤组成；多芯型缆芯是由多根经二次涂覆处理的光纤组成。

对光纤的二次涂覆处理主要采用的方式有紧套结构和松套结构两种。

（1）紧套结构如图 10-3 所示，在光纤和套管之间有一个缓冲层，其目的是减少外力对光纤的作用，一般采用硅树脂作为缓冲层材料，使用尼龙作为二次涂覆材料。这种光纤的优点是：结构简单、使用方便。

（2）松套结构如图 10-4 所示，将经一次涂覆处理后的光纤放在松套管中，管中填充油膏，形成松套结构。这种光纤的优点是：机械性能好、防水性能好、便于成缆。

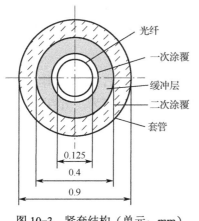

图 10-3　紧套结构（单元：mm）

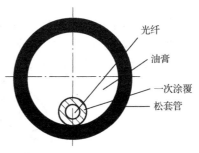

图 10-4　松套结构

2. 加强元件

由于光纤材料比较脆弱、容易断裂，为了使光缆能承受在敷设安装时所施加的外力，所以需要在光缆中加一根或多根加强元件，放置在光缆的中心或四周。

加强元件的材料可采用钢丝或非金属的纤维，如增强塑料（FRP）等。

3. 护层

光缆护层的主要作用是对已经成缆的光纤起保护作用，避免由于外部机械力和环境的影响造成光纤的损坏。因此要求护层具有耐压力、防潮、湿度特性好、重量轻、耐化学侵蚀、阻燃等特点。

光缆的护层分为内护层和外护层。内护层一般采用聚乙烯或聚氯乙烯等材料，外护层可采用由铝带和聚乙烯组成的 LAP 外护层加钢丝铠装等方式。

10.1.4　光缆的种类

1. 层绞式光缆

层绞式光缆是将若干根光纤线芯以加强构件为中心绞合在一起的，如图 10-5 所示。此结构的光缆和电缆相似。其特点为：可容纳的光纤数量多；光纤余长易控制；机械性能好；适用于管道和直埋敷设，也可用于架空敷设。

2. 单位式光缆

单位式光缆的结构是将几根至十几根光纤线芯集合成一个单位，再将数个单位以加强元件为中心绞合成缆，如图 10-6 所示。其特点为：结构和制造工艺较为简单；重量轻，适用于架空敷设，也可用于管道或直埋敷设。

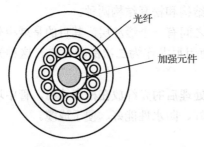

图 10-5　层绞式光缆结构

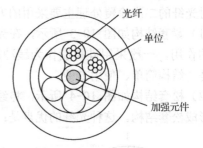

图 10-6　单位式光缆结构

3. 骨架式光缆

骨架式光缆是将单根或多根光纤线芯放入塑料骨架的沟槽内，骨架的中心是加强元件，骨架的沟槽可以是 V 型、U 型或凹型，如图 10-7 所示。其特点为：结构紧凑、抗侧压性能好、纤芯密度大、熔接效率高，但其制作复杂、工艺环节多、生产难度大。

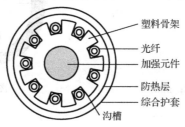

图 10-7　骨架式光缆结构

4. 带状式光缆

带状式光缆是将 4～12 根光纤线芯排列成行，构成带状光纤单元，再将带状光纤单元按一定的方式排列成缆，外包加强元件，如图 10-8 所示。其特点为：结构紧凑，可做成上千芯的高密度用户光缆。

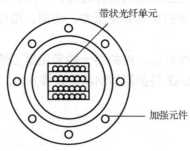

图 10-8　带状式光缆结构

10.2　光缆、光纤的识别

10.2.1　光缆的型号、规格与识别

光缆型号是由一条短横线隔开的两组代号组成的。如果将每个代号的位置用小方格来

代替，则在光缆短横线左侧的 5 个小格为光缆型号的代号，在短横线右侧的 5 个小格为光缆规格的代号，光缆型号标志如图 10-9 所示。

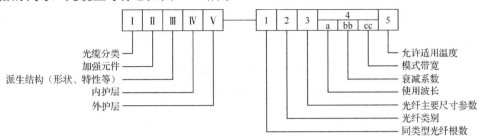

图 10-9　光缆型号标志

1. 短横线左侧 5 个小格的含义

（1）格 I 为表示光缆分类的代号，这一格由 2 个英文字母构成，它们的含义为：

GY——通信用室（野）外光缆。

GJ——通信用室（局）内光缆。

GH——通信用海底光缆。

GR——通信用软光缆。

GS——通信用设备内光缆。

GT——通信用特殊光缆。

（2）格 II 为表示加强元件的代号，在这一格中或者为无符号或者由 1 个英文字母构成，它们的含义为：

无符号——金属加强元件。

G——金属重型加强元件。

F——非金属加强元件。

H——非金属重型加强元件。

（3）格 III 为表示派生（形状、特性等）结构的代号，这一格由 1 个英文字母构成，它们的含义为：

D——光纤带状结构。

B——扁平式结构。

T——填充式结构。

G——骨架槽结构。

C——自承式结构。

Z——阻燃结构。

（4）格 IV 为表示内护层的代号，这一格由 1 个英文字母构成，它们的含义为：

Y——聚乙烯内护层。

U——聚氨酯内护层。

L——铝内护层。

Q——铅内护层。

V——聚氯乙烯内护层。

A——铝-聚乙烯粘结内护层。

G——钢内护层。

S——钢-铝-聚乙烯综合内护层。

（5）格 V 为表示外护层的代号，这一格由 2 位数字构成，第 1 位数字表示铠装层材料，第 2 位数字表示外护层材料，它们的含义如表 10-1 所示。

表 10-1　外护层代号及其意义

第 1 位代号	铠装层（方式）	第 2 位代号	外护层（材料）
0	无	0	无
		1	纤维外护层
2	双钢带	2	聚氯乙烯外护层
3	细圆钢丝	3	聚乙烯外护层
4	粗圆钢丝	4	聚乙烯加敷尼龙外护层

2. 短横线右侧 5 个小格的含义

（1）格 1 为在光缆中同类型光纤的根数，由阿拉伯数字表示。

（2）格 2 为表示光纤类别的代号，由 1 个英文字母构成，其含义为：

J——二氧化硅系多模渐变型光纤。

T——二氧化硅系多模突变型光纤。

D——二氧化硅系单模光纤。

X——二氧化硅系纤芯塑料包层光纤。

S——塑料光纤。

（3）格 3 为表示光缆中光纤主要尺寸的参数，用阿拉伯数字表示，单位为μm。这一格包含了 2 种光纤的参数，有多模光纤的芯径/包层直径参数，例如 50/125，还有单模光纤的模场直径参数，例如 9。

（4）格 4 为表示光纤传输特性的代号。这 1 格又分 3 个小格，a、bb 和 cc 分别表示光纤的使用波长、衰减系数和模式带宽，具体如下。

a 为表示光纤使用波长的代号，由 1 位阿拉伯数字表示，含义为：

1——光纤的使用波长为 0.85 μm。

2——光纤的使用波长为 1.31 μm。

3——光纤的使用波长为 1.55 μm。

bb 为表示光纤衰减系数的代号，由 2 位阿拉伯数字表示，2 位阿拉伯数字依次为在光缆中光纤衰减系数（dB/km）的个位和十分位（第 1 位小数）。例如光纤的衰减系数为 4（dB/km），则 bb 位置应用 40 来表示，再如光纤的衰减系数为 0.2（dB/km），则 bb 位置应用 02 来表示。

cc 为表示光纤模式带宽 $B \cdot L$（带宽距离积）的代号，由 2 位阿拉伯数字表示，2 位阿拉伯数字依次表示 $B \cdot L$（MHz·km）的千位和百位。例如 $B \cdot L$=400（MHz·km），由于千位是 0，百位是 4，所以应用 04 来表示。

（5）格 5 为在光缆中光纤的适用温度，由 1 个英文字母构成，其含义为：

A——适用于-40 ℃～+40 ℃。

B——适用于-30 ℃～+50 ℃。

C——适用于-20 ℃～+60 ℃。

D——适用于-5 ℃～+60 ℃。

10.2.2　光缆端别及纤序识别

1. 光纤色谱

光纤是以 12 根线芯为一束，按照如图 10-10 所示的光纤色谱顺序进行排列的。

光纤序号：　 1　 2　 3　 4　 5　 6　 7　 8　 9　 10　11　12

光纤颜色：　蓝　橘　绿　棕　灰　白　红　黑　黄　紫　粉红　天蓝

图 10-10　光纤色谱

2. 光缆的端别

要想正确地对光缆进行连接、测量和维护工作，必须首先掌握光缆的端别判断方法和缆内光纤纤序的排列方法。

通信光缆的端别判断方法与通信电缆的端别判断方法有些类似。

1）对于新光缆

光缆的红点端为 A 端，绿点端为 B 端；在光缆外护层上的长度数字中小的一端为 A 端，另一端为 B 端。

2）对于旧光缆

由于长时间的摩擦，红、绿点和外护层上的数字比较模糊，因此可以采用通过光缆端面判断端别的方法进行判断。判断方法为：面对光缆端面，同一松套管内光纤的颜色若按蓝、橙、绿、棕、灰、白顺时针排列，则为光缆的 A 端，反之则为 B 端。

光缆的端别应满足下列要求：

（1）为便于光缆的连接和维护，光缆端别应按照顺序要求放置，除特殊情况外，不得倒置端别。

（2）长途光缆线路，应以局（站）所处的地理位置为准，以北、东方为 A 端，以南、西方为 B 端。

（3）市话局间光缆线路，以汇接局为 A 端，分局为 B 端。两个汇接局间的光缆线路以局号小的局端为 A 端，局号大的局端为 B 端。对于没有汇接局的城市，一般以容量较大的中心局为 A 端，分局为 B 端。

（4）分支光缆的端别应服从主要光缆的端别。

3. 光缆中纤序的排定

在光缆中松套管单元光纤色谱分为 6 芯和 12 芯两种。其中，6 芯的光纤色谱排列顺序为：蓝、橙、绿、棕、灰、白色；12 芯的光纤色谱排列顺序为：蓝、橙、绿、棕、灰、白、红、黑、黄、紫、粉红、天蓝色。

若为 6 芯单元松套管，则在蓝色松套管中的蓝、橙、绿、棕、灰、白色 6 根光纤对应着 1～6 号光纤；在橙色松套管中的蓝、橙、绿、棕、灰、白色 6 根光纤对应着 7～12 号光纤，以此类推，直至排完所有松套管内的光纤为止。

若为 12 芯单元松套管，则在蓝色松套管中的蓝、橙、绿、棕、灰、白、红、黑、黄、紫、粉红、天蓝色 12 根光纤对应着 1～12 号光纤；在橙色松套管中的蓝、橙、绿、棕、灰、白、红、黑、黄、紫、粉红、天蓝色 12 根光纤对应着 13～24 号光纤；以此类推，直至排完所有松套管内的光纤为止。

 扫一扫看光纤熔接机的原理和使用教学课件 扫一扫看光纤连接点不连续现象的分类动画

10.3　光纤熔接机的原理和使用

SKYCOM T308 系列光纤熔接机依靠分辨光纤轮廓成像的光强进行对准工作，能够实现两侧光纤包层的对准、光纤位置的检测、端面质量的评估及熔接损耗的估算等功能。它具有外形小巧、重量较轻、操作简单、熔接速度快、熔接损耗小的特点。

10.3.1　光纤熔接机的组成

光纤熔接机主要由电源开关、LCD 显示屏、加热器、操作键盘、光纤熔接部件、提手带和防风罩等器件组成，某型号光纤熔接机如图 10-11 所示，其熔接部件结构如图 10-12 所示。

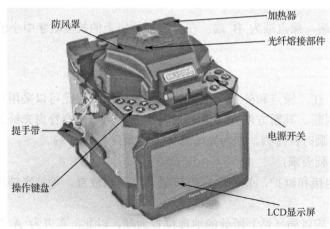

 扫一扫看光纤熔接的过程动画

 扫一扫看光纤熔接的教学视频

 扫一扫看光纤在熔接时的动画

图 10-11　光纤熔接机

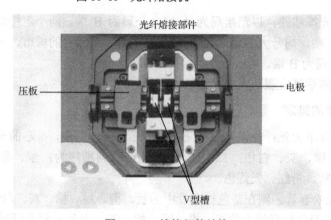

图 10-12　熔接部件结构

10.3.2　光纤熔接机的原理与操作步骤

1. 光纤熔接机的工作原理

光纤熔接机的工作原理是先利用光学成像系统提取光纤图像在屏幕进行实时显示，再通过 CPU 对光纤图像进行计算和分析并给出相关数据和提示信息。然后，操作者控制光纤对准系统将 2 段光纤对准，两根电极棒释放高压电弧，将已经对准的两条光纤的断面融化，使 2 根光纤融合为 1 根，并获得低损耗、低反射、高机械强度以及长期稳定、可靠的光纤熔接接头。最后，仪器将提供精确的熔接损耗评估。光纤熔接机的熔接原理如图 10-13 所示。

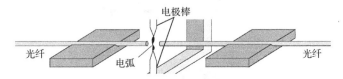

图 10-13　光纤熔接机的熔接原理

2. 光纤熔接的操作步骤

1）熔接前的清洁和检查

（1）清理 V 型槽。如果在 V 型槽中有灰尘或污染物，光纤压头就不能正常压住光纤，从而降低熔接质量，导致熔接损耗偏大。所以在操作过程中应用蘸有酒精的棉签清洁 V 型槽的底部，但注意在清洁过程中不要碰到电极棒。

（2）清理光纤压头。如果在光纤压头上有灰尘或污染物，光纤压头就不能正常压住光纤，从而降低熔接质量，导致熔接损耗偏大，其清洁过程与清理 V 型槽的步骤相同。

2）电源连接

光纤熔接机提供电池供电和交流适配器供电两种供电方式，在连接电源时请确保光纤熔接机处于关闭状态。

3）开机

按电源键开机。

4）穿热缩管

在熔接前须给光纤安装热缩套管。

5）光纤端面的制作流程

（1）用网线钳剥除光纤涂覆层 30～40 mm，如图 10-14 所示。

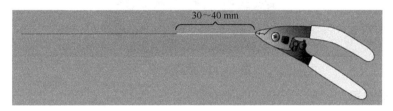

图 10-14　剥除光纤涂覆层

（2）用酒精棉包住光纤，将裸纤擦拭干净，一般擦拭 2～3 次即可，如图 10-15 所示。

图 10-15　擦拭光纤

（3）将光纤涂覆层的边缘对准切割器标尺的"16"刻度，如图 10-16 所示。左手将光纤放入导向压槽内，右手合上压板，然后推动切割器的刀片切断光纤。

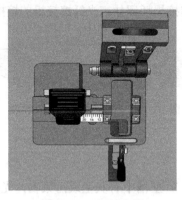

图 10-16　切割光纤

6）放置光纤

（1）打开防风罩和压板，把准备好的光纤放置在 V 型槽内，并使光纤末端在 V 型槽边缘和电极尖端之间。

（2）用手指捏住光纤，合上压板以保证光纤不会移动，并确保光纤放置在 V 型槽的底部。如果光纤放置得不正确，请重新放置光纤。

（3）按照上面的步骤放置另一根光纤，如图 10-17 所示。

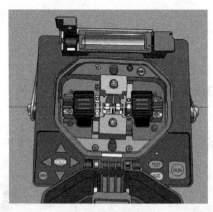

图 10-17　放置光纤

（4）关闭防风罩。

7）熔接

放置光纤后按"AUTO"键进行自动熔接。

8）取出光纤并加热

（1）打开加热盖。

（2）打开防风罩。

（3）打开左右两侧压板。

（4）将光纤取出并将热缩套管移至熔接点处。

（5）将热缩套管放置在加热器的中央，并盖上加热盖。

（6）按"HEAT"键进行加热操作，加热指示灯会同时亮起。

（7）在加热指示灯熄灭后完成加热操作。

（8）打开加热盖，取出热缩套管检查是否有气泡存在。

（9）在检查完毕后将光纤放置于散热盘中待其冷却。

课堂任务 10

1．某光缆的型号为 GYTS33-12D10/125（205）C，请说明其表示的含义。

2．正确使用开缆刀开拔光缆。（注意不要伤及线芯）

3．正确识别套管顺序，观察套管内光纤的线序及色谱并记录数据，完成表 10-2。

表 10-2　数据记录

光纤线序	1	2	3	4	5	6	7	8	9	10	11	12	...	48
套管序号														
套管颜色														
管内线芯线序														
光纤颜色														

4．如图 10-18 为某光缆端面，请完成以下任务。

（1）判断光缆端别。

（2）排定纤序。

（3）说明填充绳的作用。

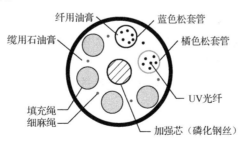

图 10-18　光缆端别

扫一扫看光缆的相关练习题

扫一扫下载光纤熔接测试题

5．至少完成对一根光纤的熔接。

6．估算光纤的熔接损耗。

第 11 章

OTDR 的工作原理与操作

教学内容

1. OTDR 所用到的光学原理。
2. OTDR 的参数设定。
3. OTDR 的测量与事件分析。

技能要求

1. 了解 OTDR 的基本结构。
2. 了解瑞利散射和菲涅尔反射原理在 OTDR 工作中的作用。
3. 能正确设置 OTDR 的参数。
4. 能通过 OTDR 完成测量任务，并对测量结果进行分析。

扫一扫看OTDR
的操作微课
视频

扫一扫看 OTDR
的工作原理微课
视频

扫一扫看 OTDR
的工作原理与操
作电子教案

扫一扫看OTDR
的工作原理与操
作教学课件

OTDR（光时域反射仪）是一种广泛应用于光缆线路维护、施工的仪器，可以进行光纤长度、光纤传输衰减、接头衰减和故障定位等的测量。

11.1　OTDR 的基本结构

OTDR 的基本结构如图 11-1 所示。其中，控制系统作为整个系统的核心，其作用是使系统的各部分协调工作，一般包含脉冲发生器、信号处理器、放大器和时钟等器件；激光器作为光源，其作用是完成电/光（E/O）转换，并由发射端发出激光；光纤定向耦合器/分路器可以使光按照特定方向输出至待测光纤，待测光纤再经光纤定向耦合器/分路器反向输入至探测器；探测器的作用是完成光/电（O/E）转换，转换向的电信号经放大器放大后交由控制系统的信号处理器进行处理，得到的结果将以数据、图表等形式在显示器上显示出来。

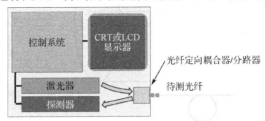

图 11-1　OTDR 的基本结构

11.2　OTDR 的工作原理

OTDR 在运行中主要会用到 2 个重要的光学原理——瑞利散射和菲涅尔反射。

11.2.1　瑞利散射

扫一扫看瑞利散射的原理动画

当光的传输介质粒子的尺度远小于入射光的波长（小于波长的 $\frac{1}{10}$）时，在其各方向上的散射光的强度是不一样的，该强度与入射光波长的四次方成反比，这种现象称为瑞利散射，又称分子散射。由于在光纤纤芯中存在着许多不均匀的沉积成分和杂质，所以当光通过不均匀的沉积点时，有一部分光会被散射到不同的方向上，同时向前传播的光的强度也会减弱。向光源方向散射回来的部分叫后向散射，如图 11-2 所示，由于散射损耗的原因，这一部分光的脉冲强度会变得很弱。

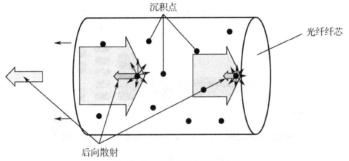

图 11-2　后向散射的情形

扫一扫看菲涅尔反射的原理动画

11.2.2 菲涅尔反射

当光入射到折射率不同的两种媒质的分界面时，一部分光会被反射，这种现象被称为菲涅尔反射。如果光在光纤中的传输路径为光纤—空气—光纤，由于光纤和空气的折射率不同，将产生菲涅尔反射现象。在这种情况下，在光纤的端面处将发生镜面反射，如图 11-3 所示。当光信号通过光纤的端面时（场景类似于手电筒的光穿过玻璃窗），一部分光会以和入射时相同的角度反射回来，反射光的光强度可达入射光光强度的4%，且无论光信号是从光纤进入空气还是从空气进入光纤，反射光的强度比例是相同的。

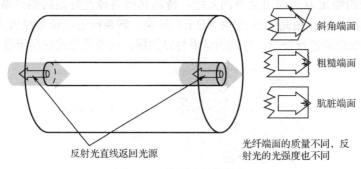

图 11-3　镜面反射的情形

瑞利散射和菲涅尔反射所产生的反射光使探测器能够接收到足够强度的光，以此完成相关的分析。

11.3　OTDR 操作准备

11.3.1　OTDR 操作界面

以 OTP-2 型光时域反射仪为例，其操作界面如图 11-4 所示。在长按电源键开机后选择"光时域反射仪"模式即可进入仪器的操作界面，可以使用触摸屏、右侧方向键或 F1 至 F5 功能键对仪器进行控制。

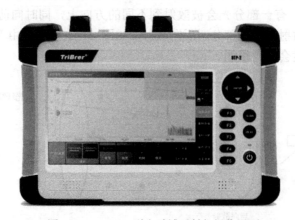

图 11-4　OTP-2 型光时域反射仪操作界面

11.3.2　光纤连接

OTP-2 型光时域反射仪的端口排列如图 11-5 所示，有 OTDR 测量端口、可视故障探测仪（VFL）端口、光功率计（OPM）端口、USB 端口、SD 卡和以太网端口等。其中，在黄色帽盖下的端口为 OTDR 测量端口，注意在内部的连接端口处有防尘帽保护。将待测光纤的末端用酒精擦拭后，将其通过连接器与 OTDR 测量端口相连，此时应保证光纤尾纤的连接器与 OTDR 测量端口相匹配（OTP-2 型光时域反射仪可选配 FC、SC、LC 等不同型号的适配器）。

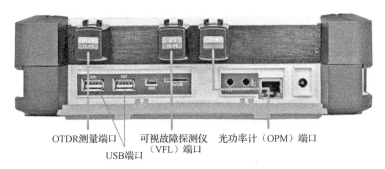

图 11-5　OTP-2 型光时域反射仪的端口排列

11.4　参数设定

11.4.1　光纤折射率的参数设定

首先选择"OTDR 设置"选项，然后在菜单中选择"折射率"选项，进行折射率的参数设定。光纤的折射率参数是由光纤的生产厂家提供的，且与波长有关。例如，康宁公司生产的型号为 SMF-28 的光纤在 1550 nm 波段时的折射率为 1.4682，纤芯和包层的折射率相差 0.36%。在设定好折射率后可点击"确认并退出"选项回到主菜单。光纤折射率的设定如图 11-6 所示。

OTDR设置					
反射阈值 65.0dB	结束阈值		熔接损耗		
	◀ 折射率设定 ▶				
折射率	1310nm 1.46770		1550nm 1.46832		
高分辨率取样 标准精度	1	2	3	4	5	退格
	6	7	8	9	0	
	恢复默认值		确认并退出		

图 11-6　光纤折射率的设定

11.4.2　波长的选择

如想通过手动模式使用仪器，则需要设定一系列的参数。仪器一般提供 1310 nm 与

1550 nm 两种波长可选，如图 11-7 所示。其中，1550 nm 波长比 1310 nm 波长的测试距离更远、对弯曲更加敏感、单位长度衰减更小；而 1310 nm 波长比 1550 nm 波长测得的熔接或连接器的损耗更高。若在使用 1550 nm 波长测量时发现在曲线上的某处有较大的台阶状波形，在用 1310 nm 波长进行复测时发现台阶状波形消失，说明该处存在弯曲过度的情况，需要进一步查找并排除故障；若在 1310 nm 波长测量时同样有较大的台阶状波形，则说明该处光纤可能还存在其他问题，需要继续查找和排除。在实际的光缆维护工作中一般会对两种波长都进行测试和比较。

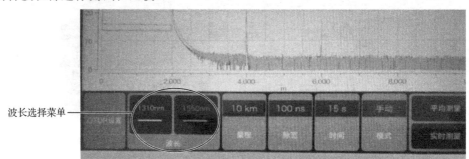

波长选择菜单————

图 11-7　波长的选择

11.4.3　量程设定

光在空气中的传播距离与传播时间存在以下关系：

$$d = \frac{ct}{2} \tag{11-1}$$

其中 c 为光在真空中的速度，t 为光信号从发射到接收的总时间（即往返双程）。若光在折射率为 IOR 的光纤中传播时，光的传播距离与传播时间的关系即为：

$$d = \frac{ct}{2 \times IOR} \tag{11-2}$$

因此，光的折射率与传播距离存在比例关系，在测试前需要先设置好量程，如图 11-8 所示。通常根据经验，为了保证光纤的实际长度不超过设定量程，量程选取在整条光路估算长度的 1.5 倍至 2 倍之间最为合适。例如，已知一条光缆的预估长度约为 4 km，则计算量程应选取在 4 km×(1.5～2)=6～8 km 之间。量程的设定如图 11-8 所示。

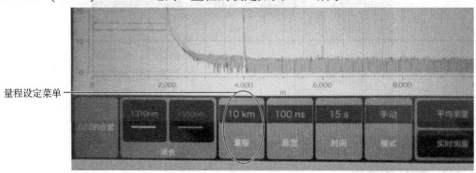

量程设定菜单————

图 11-8　量程的设定

11.4.4   脉冲宽度

在光功率大小恒定的情况下，脉冲宽度的大小直接影响着光的能量的大小，光的脉冲宽度越大，光的能量越大，分辨率越低；光的脉冲宽度越小，光的能量越小，分辨率越高。所以如果需要测试长距离（大于等于 5 km）的光纤链路，一般会设置较大的脉冲宽度，但测试的细节会不太清晰；测试短距离（小于 5 km）的光纤链路，一般会设置较小的脉冲宽度，测试的细节会比较清晰。

11.4.5   测试时间

测试时间即发光器发光与测量的总时间。在一般情况下，测试时间越长，测试轨迹曲线越清晰，误差越小。脉宽与测试时间的设定如图 11-9 所示。

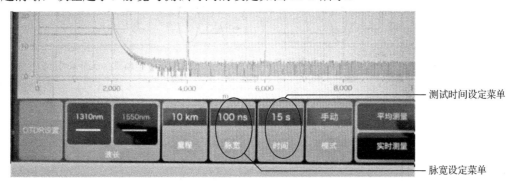

图 11-9   脉宽与测试时间的设定

11.5   读数

以单盘光纤为例，在设置好各项参数后可选择"平均测量"或"实时测量"功能，分别对应着固定平均值和当前值的测量。在选好相应的测量方式后，发光器开始发光，经过所选定的测量时间之后仪器将显示结果的"事件列表"，单盘光纤测量结果如图 11-10 所示。

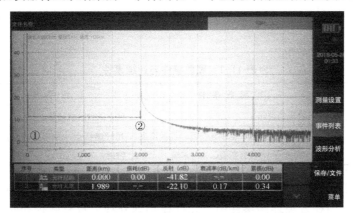

图 11-10   单盘光纤测量结果

在图 11-10 中可见"①""②"两个光标，"①"为光纤起始点，"②"为光纤末端。可从图中的表格里读出，"②"点的距离为 1.989 km，该长度即为光纤的总长度；"衰减率"为 0.17 dB/km，即为光纤的全程衰减率；"累损"为 0.34 dB，即为光纤的全程损耗。

在右侧菜单中可选择"波形分析"功能，在选择后系统将自动调出 A、B 两光标点，通过触摸屏可将 A、B 两点移动至任意两位置，在屏幕下方列表中即会显示出两点相差的距离及两点间的线路损耗。

11.6 事件分析

在上文中仅以单盘光纤为例，其包含的事件较少。如对长距离光纤进行分析，则可能在线路中出现更多事件，如图 11-11 所示。

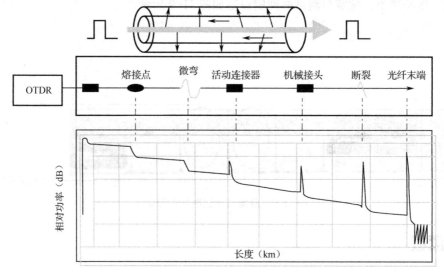

图 11-11 长距离光纤事件分析

OTDR 的结果曲线又可称为后向散射曲线，其中的各类事件对应着曲线的变化情况。事件一般可以分为两类，即离散事件和连续事件。离散事件一般在曲线上显示为波形的突起，而连续事件一般在曲线上显示为向下的台阶状波形。各类离散事件和连续事件如表 11-1 所示。

表 11-1 离散事件与连续事件

类　别	离　散　事　件	连　续　事　件
现象	波形的突起	向下的台阶状波形
可能原因	起始点连接器、活动连接器、机械接头（冷接子）、光纤断裂、光纤末端	光纤熔接点、微弯损耗、后向散射

由表 11-1 可以看出，在各类离散事件中基本存在光纤在物理外观上有破损、断裂或未完全连通的情况；而在各类连续事件中，光纤在物理外观上没有破损和断裂，但存在内部介质不均匀的情况。由此可见，在光纤传输中离散事件和连续事件与光纤本身传输介质的连贯性、密度是否均匀等因素有着紧密联系，并直接体现在 OTDR 的结果曲线中。

利用这一特性，OTDR 可以完成对事件点距离、损耗等的测定，这在实际应用中对光缆的检测与维护有着重要意义。

课堂任务 11

1．将多盘光纤利用热熔、连接器等方式连接起来，并将其整体与 OTDR 相连。

2．在手动测量模式下，根据部分已知的参数要求对所有参数进行设置，并对 OTDR 的结果曲线进行测量。

3．完成要求的测量任务。

已知光纤的总长约为 4 km，波长为 1550 nm，折射率为 1.4680，脉宽为 100 ns，请完成表 11-2。

表 11-2　OTDR 测试表格

设置参数			
设置长度测量范围		设置测试时间	
测量结果			
光纤总长		接头/熔点损耗	
衰减系数		总损耗	
第一段光纤长度		第一段光纤衰减损耗	
第二段光纤长度		第二段光纤衰减损耗	
第三段光纤长度		第三段光纤衰减损耗	
任选 A、B 两点进行测量			
两点间距离		两点间损耗	

 扫一扫看 OTDR 的练习题与答案

 扫一扫下载 OTDR 测试题 A 卷

 扫一扫下载 OTDR 测试题 B 卷

第 12 章

GPS 测量仪的使用

教学内容

1. GPS 定位的原理。
2. UniStrong GPS 测量仪的基本设置。
3. UniStrong GPS 测量仪定位及测量面积的操作示例。

技能要求

1. 熟悉 UniStrong GPS 测量仪的基本操作，了解其按键功能、菜单功能以及参数的意义。
2. 能精确测量在不同环境下的位置信息。
3. 掌握面积的测量方式。

 扫一扫看 GPS 测量仪的原理与应用教学课件

 扫一扫看 GPS 测量仪的使用电子教案

12.1　GPS 的基本工作原理

扫一扫看
GPS 定位
的动画

12.1.1　定位的基本原理

全球定位系统（GPS）是由美国研究和发展的，它是一个中距离圆形轨道卫星导航系统，使用者能利用该导航系统进行测时和测距。整个 GPS 系统可以分成 3 个部分。

（1）太空卫星部分：由 24 颗绕极卫星组成，分布在 6 个轨道上，运行在距地表约 20 200 km 的上空，绕行地球一周用时约为 12 小时。每个卫星均持续发射带有卫星轨道资料及时间信息的无线电波，供地球上的使用者接收机使用。

（2）地面控制部分：地面控制站是为了追踪和控制绕极卫星的运转轨迹而设立的，其主要的工作是修正与维护使卫星能保持正常运转的各项参数资料，以确保每个卫星都能给接收机提供正确的信息。

（3）使用者接收机部分：使用者接收机能够通过追踪 GPS 卫星信号即时计算出接收机所在位置的坐标、移动速度和时间信息，北京合众思壮科技股份有限公司的 UniStrong GPS 测量仪即属于使用者接收机。

其计算原理为：每颗卫星在运行时，在任意时刻都有一个坐标值表示其位置（已知值），接收机所在的位置坐标为未知值，卫星信号在传送过程中所耗费的时间可由卫星时钟与接收机内的时钟计算得出，将此时间差值乘以电波的传送速度（一般定为光速）可以计算出卫星与接收机之间的距离，这样就可以列出一个相关的方程式。一般我们使用的接收机就是利用上述原理计算出所在位置的坐标资料的，每接收一颗卫星的信号就可以列出一个相关的方程式，因此在收到 3 颗卫星的信号后，便可计算出平面坐标（经纬度）值，收到 4 颗卫星的信号便可以计算出高度值，收到 5 颗以上的卫星信号更可提高位置信息的准确度，这就是 GPS 定位的基本原理。一般来说，使用者接收机的坐标是实时更新的，接收机会自动、不断地接收卫星信号，并即时地计算出接收机所在位置的坐标信息。

12.1.2　使用环境的限制

由于卫星在相当高的运行轨道中工作，其传送的信号强度较为微弱，因此在使用接收机时须注意下列事项：

（1）应在室外及天空开阔度较佳的地方使用，否则大部分的卫星信号被建筑物、金属遮盖物、浓密树林等物体阻挡，接收机将无法获得足够的卫星数据来计算出所在位置的坐标信息。

（2）请勿在电磁波频率为 1.575 GHz 左右的强电波环境下使用，因为此环境容易将卫星信号遮盖，造成接收机无法获得足够的卫星数据从而无法计算出位置信息的情况，尤其在高压电塔下方时。

（3）GPS 所计算出的高度值并非海拔高度以及气压计测量的飞行高度，其原因在于 GPS 所使用的海平面基准点与气压计不同，因此在使用时请务必注意。

12.1.3　导航的基本原理

GPS 的基本应用就是导航与定位，定位原理在上文中已描述过，而导航的基本原理就是利用定位所求出的位置信息进行计算。测量仪所计算出的任何一个时刻的坐标信息，在GPS 测量仪里都称之为一个航点，也就是说每个航点都代表着一个坐标值。对于比较重要的航点，我们可以把它储存在测量仪内，并为其起一个名字，使我们可以对其进行辨别。由于在地球表面上的任何位置都可以以相应的坐标值来表示，所以只需要知道两个不同航点的坐标信息，测量仪就可以马上计算出两个航点间的直线距离、相对方位及接收机的航行速度，这就是 GPS 导航的原理。

例如：目前我们在南京市，希望往南旅行，第一个目的地是南昌市，第二个目的地是深圳市。其中的每个目的地都是一个航点，航点与航点间的行程被称为航段，从起点按照顺序经过各点直至终点的整个行程我们称之为航线或者路径。

我们只要事先将各点的坐标信息利用地图或查询相关资料等方式储存在 GPS 测量仪内，就可建立许多航点信息，并利用 GPS 测量仪的导航功能做各航段间的导航。在进行导航时，为避免行进方向偏移太多，GPS 测量仪提供了航线偏差的指示功能，当我们在行进过程中偏离原有航道时，GPS 测量仪就会自动提示我们，这就是航线偏差功能。

由此可知，要想使用 GPS 测量仪的导航功能，首先要建立航点的资料并将其储存在测量仪内，这样一来，不管是进行航点与航点之间的导航，还是编辑一条航线，就都可以直接使用测量仪内储存的航点资料了。也可以说，航点是 GPS 测量仪导航功能所需要的最基本的资料。

12.2 UniStrong GPS 测量仪的操作

12.2.1 UniStrong GPS 测量仪的按键功能

UniStrong GPS 测量仪的按键功能示意如图 12-1 所示，具体功能如下。

（1）"电源/截图"键：长按进行开机/关机操作，在打开截图功能后，短按可进行屏幕截图。

（2）"放大缩小/背光调节"键：在地图界面时，按此键可放大和缩小当前地图；在非地图界面时，按此键可以增强和减弱屏幕背光。

（3）"菜单"键：在任意界面时按此键可调出相关的菜单选项，连续按两次此键返回主菜单界面。

（4）"翻页/退出"键：按此键可在预设的界面之间进行切换，如需进入二级界面，也可以按此键。

（5）"摇杆/航点快捷采集"键：通过此键可向上、下、左、右 4 个方向移动，短按摇杆中键为确认，长按摇杆中键进行航点快捷采集操作。

12.2.2 电池及 SD 卡的安装

北京合众思壮科技股份有限公司有多个系列的移动终端导航系统，包括常用的 G1、G6、G7 系列产品，本教材以 G1 系列产品为例介绍 GPS 测量仪的各项主要功能。G1 系列测量仪需要 2 节 5 号电池或者专用锂电池进行供电，仪器设有备用电池，在更换电池时，存储的数据不会丢失。

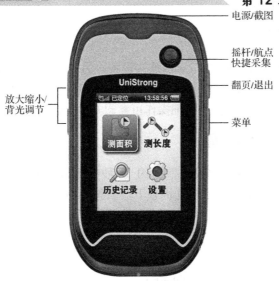

图 12-1　按键功能

　　将仪器后盖的圆形金属扣拉起并逆时针旋转 90°，然后拉起仪器后盖，将 Micro SD 卡插入，如图 12-2 所示。再按照电池仓内的正负极标志安装 5 号电池，电池的安装示意如 12-3 所示。在安装电池后，合上仪器后盖，顺时针旋转圆形金属扣，锁紧仪器后盖。电池的电量将在"主界面"右上部分的状态信息栏中显示。

　　※注：Micro SD 卡等同于 TF 卡。

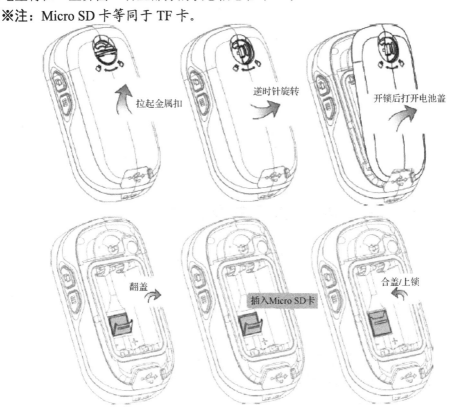

图 12-2　Micro SD 卡的安装

12.2.3　数据传输

将数据传输电缆的 Mini USB 接口一端连接设备，另一端连接 PC 端的 USB 接口，在 PC 端安装驱动和 Gis Office 软件后，仪器便可与 PC 端建立通信连接。可以通过 Gis Office 软件进行设备的数据下载或上传等操作，详细操作可参阅 Gis Office 软件的使用说明。

12.2.4　电源的开启及关闭

在关机状态下，长按"电源/截图"键约 6 秒钟至屏幕有显示即可松手，仪器开机后，默认进入"主菜单"界面。在开机状态下，长按"电源/截图"键约 6 秒钟后至屏幕无显示，仪器关闭。

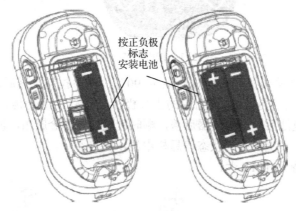

按正负极标志安装电池

图 12-3　电池的安装

12.2.5　背光调节

在仪器的非地图界面中短按"放大缩小/背光调节"键弹出背光调节界面，然后通过"摇杆/航点快捷采集"或者"放大缩小/背光调节"键将背光调节至合适亮度，再按"翻页/退出"键返回相应的功能页面。

12.3　UniStrong GPS 测量仪的主要界面说明

开机后首先进入欢迎界面，然后进入 G1 系列测量仪的主菜单界面。在 G1 系列测量仪的主菜单中共有 9 个功能按键，分别是标定航点、航点管理、航线管理、航迹管理、地图、工具、数据查找、面积测量和设置，如图 12-4 所示。使用者可以通过"摇杆/航点快捷采集"键选择不同的功能按键。

在主菜单界面最上方的浅底色条为主菜单信息栏，信息栏的图标从左到右依次表示为：电池电量、定位状态、方位指针和当前时间，如图 12-5 所示。

电池电量：显示当前剩余电量，如电池前方出现"H"字样，说明仪器使用的是锂电池。

定位状态：当显示红色叉图案时，说明仪器未定位；当显示信号强度图案时，说明仪器已定位；若在信号状态前显示"D"字样，说明仪器处于 SBAS 差分定位模式。

方位指针：在默认状态下以上方为北方，指针指向仪器前方。

当前时间：实时显示当前时间信息。

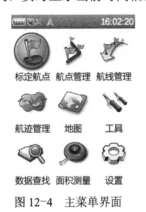

图 12-4　主菜单界面

图 12-5　主菜单信息栏

G1 系列测量仪默认有主菜单和星历（卫星视图界面）2 个界面，可以通过"翻页/退出"键进行切换。可以通过"主菜单—设置—界面顺序"的步骤添加或者删减界面以及调整界面之间的顺序，如图 12-6 所示。仪器可以添加如导航、地图、工具、设置等的最多 6 个界面。

卫星视图界面共分为 3 个区域，从上到下分别显示 GNSS 定位坐标、卫星分布情况和卫星信号强度。GPS、北斗、GLONASS（简称 GL）的卫星视图界面分别如图 12-7、图 12-8、图 12-9 所示。

※注：GNSS 的全称是全球导航卫星系统（Global Navigation Satellite System），它是对北斗、GPS、GALILEO 等多个卫星导航定位系统的统称。

图 12-6　页面顺序界面

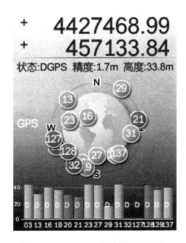

图 12-7　GPS 卫星视图界面

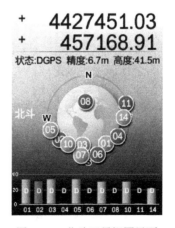

图 12-8　北斗卫星视图界面

在卫星视图界面上方的区域中，显示当前卫星定位坐标界面，如图 12-10 所示。

在卫星视图界面中间的区域中，显示当前搜索卫星的情况，仪器将在当前位置能收到 GNSS 卫星信号的卫星以其编号的形式在分布图中进行显示。在卫星分布情况中，内圆圈表示地平线，外圆圈表示高度角为 45°的位置。此外，在外圈上还标示了星图的方向。

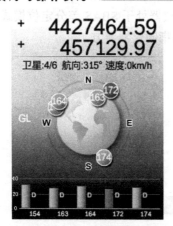

图 12-9　GL 卫星视图界面

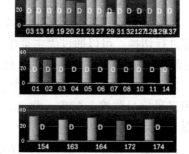

图 12-10　卫星定位坐标界面

在卫星视图界面下方的区域中，显示当前卫星信号的强度，信号强度将以竖条的形式显示在各卫星编号上面，信号越强竖条就越长，如图 12-11 所示。

按"摇杆/航点快捷采集"的确定键，视图会在 GPS、北斗、GL 几个卫星分布界面图中进行切换，若左方显示"GPS"字样，则表示该视图为 GPS 卫星的状况及分布图，如图 12-12 所示；

若左方显示"北斗"字样，则表示该视图为北斗卫星的状况及分布示意图，如图 12-13 所示；

若左方显示"GL"字样，则表示该视图为 GLONASS 卫星的状况及分布图，如图 12-14 所示。

图 12-11　卫星信号的强度示意图

图 12-12　GPS 卫星的状况及分布图

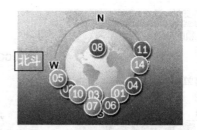

图 12-13　北斗卫星的状况及分布图

※注：红色卫星表示卫星可见但无用，绿色卫星表示卫星可用。

按"摇杆/航点快捷采集"的右方向键可切换标志栏，如图 12-15 所示。其中各状态分别表示的含义如下。

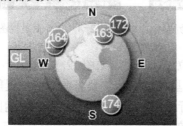

图 12-14　GLONASS 卫星的状况及分布图

状态:DGPS　精度:1.7m　高度:33.8m

卫星:4/6　航向:315°　速度:0km/h

图 12-15　标志栏示意图

（1）状态：此处会显示"NO""3D"或者"DGPS"等字样，"NO"字样表示仪器未定位，"3D"字样表示仪器为单点定位，"DGPS"字样表示仪器为 SBAS 差分定位。

（2）精度：显示仪器在当前状态下 GNSS 的定位精度。

（3）高度：显示仪器在当前位置的高度值。

（4）卫星：显示卫星的可见、可用情况，如 4/6 则表示 6 颗卫星可见，4 颗卫星可用。

（5）航向：显示仪器当前的运动方向。

（6）速度：显示仪器当前的运动速度。

12.4　标定航点

12.4.1　界面介绍

标定航点功能主要用于记录和采集航点信息，其界面如图 12-16 所示。

图 12-16　标定航点界面

1. 图标

采集的航点可以使用不同的图标来表示，点击左上角的"图标"按钮，进入选择图标界面，如图 12-17 所示。

2. 名称

采集的航点在默认状态下是以航点+数字的规则命名的，选择"名称"选项可对采集航点的名称进行修改。

3. 备注

图 12-17　选择图标界面

在备注一栏中可以输入对采集航点的相关描述，默认内容为日期和时间。

4. GNSS 坐标

显示当前 GNSS 定位的坐标，可以对其进行编辑。

5. 高度和精度

高度记录了当前位置的海拔高度，可以对其进行编辑；精度表示当前 GNSS 定位的水平估算精度值，不可修改。

6. 平均

"平均"功能可以自定义延长标定航点的时间，目的是提高采集航点的精度。单击"平均"按钮将进入取平均点界面，同时开始计时，单击"确定"按钮后停止采集，保存此航点，如图 12-18 所示。

图 12-18　取平均点界面

7. 地图

单击"地图"按钮即可进入地图界面，标定的航点将显示在地图上。

8. 确定

单击"确定"按钮即可对标定航点进行存储，否则数据将不存储。

※注：在输入界面时可通过单击"＃"按钮将输入法在拼音、笔画、英文、字母大小写和数字之间按顺序进行切换。

12.4.2　菜单介绍

在标定航点界面时，按仪器右侧的"菜单"键，调出"标定航点菜单"界面。在该界面中即可进行"导航""设为警告点""添加到航线""设计新航点"等操作，如图 12-19 所示。

1. 导航

选择"导航"功能即可使用当前标定的航点进行导航作业，如图 12-20 所示。

图 12-19　标定航点菜单界面

图 12-20　导航作业界面

2. 设为警告点

选择"设为警告点"功能即可将标定的航点设置为警告点，可自定义报警范围，如图 12-21 所示。

3. 添加航线

选择"添加到航线"功能即可将标定的航点添加到已存或新建的航线中，如图 12-22 所示。

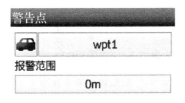

图 12-21 设为警告点界面

图 12-22 添加航线界面

12.5 航点管理

12.5.1 界面介绍

航点管理功能主要用于对已存航点进行浏览、查找、排序、编辑和导航等操作，其界面如图 12-23 所示。航点在列表中会显示其名称和距离的信息，这里的距离是从该航点到当前位置的直线距离。

选择航点的 2 种方式：

（1）查找。单击"请输入名称"选项，然后输入需要查找的航点名称，即可找到相关航点。

（2）查看。通过上下拨动"摇杆/航点快捷采集"的方向键选择需要查看的航点，按"摇杆/航点快捷采集"的确定键即可选择相关航点。

12.5.2 菜单介绍

在航点管理界面时按设备右侧的"菜单"键，调出"航点管理菜单"界面，在该界面中即可进行"添加航点""编辑航点""设为警告点""地图""导航""按距离排序""按名字排序""删除当前"和"删除所有"等操作，如图 12-24 所示。

1. 添加航点

选择"添加航点"功能即可标定当前坐标位置为航点，与标定航点功能相同，可参考在本书

12.4 节中标定航点功能的操作。

图 12-23 航点管理界面

图 12-24 航点管理菜单界面

2. 编辑航点

选择"编辑航点"功能即可修改所选航点的图标、名称、备注、坐标和高度。

3. 设为警告点

选择"设为警告点"功能即可将选中的航点设置为警告点，警告点与航点的区别在于警告点可以设置报警范围并在一定条件下发出警告。

4. 地图

选择"地图"功能即可将选中的航点作为中心点显示在地图上。

5. 导航

选择"导航"功能即可使用选中的航点进行导航作业。

6. 按距离排序

选择"按距离排序"功能即可将已存航点按照与当前位置距离由近到远的顺序进行排列。

7. 按名字排序

选择"按名字排序"功能即可将已存航点按照名称首字母顺序进行排列。

8. 删除当前

选择"删除当前"功能即可删除当前选中的航点。注意，删除后数据不能恢复，请谨慎操作。

9. 删除所有

选择"删除所有"功能即可删除所有已存航点。注意，删除后数据不能恢复，请谨慎操作。

12.6　航线管理

12.6.1　界面介绍

航线管理功能主要用于管理、编辑已存航线，新建航线以及进行航线导航。在已存航线界面中会显示已存航线的名称和每个航线的航点个数，选取某一航线后即可进行航线编辑操作。已存航线界面如图 12-25 所示。

1. 查看航线

若想查看某一条航线，需要上下拨动"摇杆/航点快捷采集"的方向键选择需要查看的航线，然后按"摇杆/航点快捷采集"的确定键查看航线的相关信息以及对组成此航线的航点进行操作，如图 12-26 所示。

图 12-25　已存航线界面

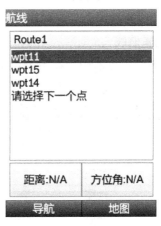

图 12-26　查看航线界面

2. 新建

若想新建一条航线，需要在已存航线界面单击"新建"按钮，并在弹出的界面中依次选择需要添加的航点，如图 12-27 所示。

3. 导航

若想使用已存的航线进行导航，需要选中某一条航线，按"摇杆/航点快捷采集"的确定键，进入航线界面，然后单击"导航"按钮，如图 12-28 所示。

图 12-27　新建航线界面

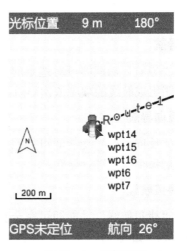

图 12-28　导航界面

12.6.2 菜单介绍

在"已存航线"界面中按仪器右侧的"菜单"键可以调出"已存航线菜单"界面，在该界面中有"添加航线""编辑航线""地图""导航""反向导航""拷贝航线""删除当前"和"删除所有"等选项，如图 12-29 所示。

1. 添加航线

添加航线与新建航线的含义相同，选择"添加航线"功能将进入新建航线界面，在此界面中可以进行添加航点等操作。

2. 编辑航线

在新建航线界面中按仪器右侧的"菜单"键，将弹出"航线编辑菜单"界面，在此界面中可以进行调整航点的顺序等操作，如图 12-30 所示。

图 12-29　已存航线菜单界面

图 12-30　航线编辑菜单界面

3. 地图

选择"地图"功能即可查看所选航线在地图上的位置、对航线图进行放大和缩小等操作，同时也可以在该界面中查看此航线的任意一个航点的信息。

4. 导航

选择"导航"功能即可对选定的航线进行导航，仪器将按照组成航线的顺序依次导航到每个航点。

5. 反向导航

选择"反向导航"功能即可按照航点倒序排列的顺序依次对每个航点进行导航。

6. 拷贝航线

选择"拷贝航线"功能即可完全复制已存的任意一条航线，如图 12-31 所示。此处复制的是"Route1"航线。

图 12-31　拷贝航线界面

7. 删除当前

选择"删除当前"功能即可删除已选的航线。注意，删除后不可恢复，请谨慎操作。

8. 删除所有

选择"删除所有"功能即可删除在仪器上全部已存的航线。注意，删除后不可恢复，请谨慎操作。

12.7　航迹管理

12.7.1　界面介绍

当仪器处于定位状态时开启航迹记录功能，仪器将沿着仪器的运行线路记录一条轨迹，此轨迹即为航迹。

航迹是仪器按照一定规则自动记录的运行轨迹。通过航迹可以得到航迹长度、航迹面积等信息，同时也可以使用航迹导航功能。

航迹管理功能主要用于设置航迹记录、控制航迹功能的开关等，如图 12-32 所示。

1. 记录航迹

在航迹管理界面的上部设有"打开"和"关闭"两个按钮，可以通过"摇杆/航点快捷采集"的确定键切换状态，选到"打开"表示开启记录航迹功能，选到"关闭"表示关闭记录航迹功能。

2. 保存航迹

在航迹管理界面中选择"保存"选项将弹出保存航迹界面，在此界面中可以选择需要保存的临时航迹，并将当前记录的航迹保存到设备中，如图 12-33 所示。

图 12-32　航迹管理界面

图 12-33　保存航迹界面

3. 清空航迹

在航迹管理界面中选择"清空"选项即可将当前记录的临时航迹数据全部清除。

※注：此操作不会清除已存储的航迹数据。

4. 查看历史航迹

在航迹管理界面中选择已建航迹的名称即可弹出该航迹的信息页面，在页面中会显示（航迹）名称、（航）点个数、（航迹）距离、（航迹）面积、（航迹显示）颜色、是否显示（在地图上）等信息和导航、地图等相关功能，如图 12-34 所示。

12.7.2 菜单介绍

在记录航迹之前，可以对航迹的记录模式进行预先设置，在仪器完成定位后，就会以预先设置的航迹记录模式自动开始记录航迹。在航迹管理界面中按"菜单"键即可弹出航迹菜单界面，在此界面中可以设置和删除航迹，也可以通过航迹进行导航。航迹菜单界面如图 12-35 所示。

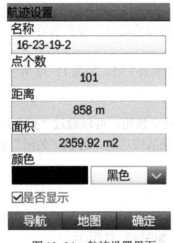

图 12-34　航迹设置界面

图 12-35　航迹菜单界面

1. 设置

在航迹菜单界面中选择"设置"选项后即可进入航迹设置界面，如图 12-36 所示。在该页面中可以进行以下设置。

（1）记录满后是否覆盖。将光标移至该选项栏，按"摇杆/航点快捷采集"的确定键可以切换状态，如在前面的"□"内打"√"，则表示当航迹存储空间已满时，新的航迹将从最先记录的航迹开始覆盖；如不在"□"内打"√"，则表示当存储空间已满时，新的航迹将不会被记录。

图 12-36　航迹设置界面

（2）颜色。用来设置在地图上的航迹颜色。

（3）记录模式。在此选项中，有距离、时间和自动 3 种记录模式可供选择。

① 距离。此记录模式是按照设定的距离进行航迹记录的模式，可在"记录间隔设置"选项中选择合适的距离间隔。具体操作为：将光标移至"距离间隔"选项上，先按"摇杆/

航点快捷采集”的确定键，然后通过“左/右”方向键切换到要更改的数字上，再通过“上/下”方向键更改该数值的大小，最后按确定键完成设置。

② 时间。此记录模式是按照设定的时间进行航迹记录的模式，可在“记录间隔设置”选项中选择合适的时间间隔，具体操作步骤同上。

③ 自动。此记录模式是按照系统的默认模式进行航迹记录的模式。

（4）保存航迹时做抽稀处理。航迹在默认保存时会按照一定规律进行“抽稀处理”，如果使用者需要保存完整的航迹信息，则此项不要打“√”。

（5）按“菜单”键，弹出“菜单”选项，可进行“恢复出厂设置”操作。

※注：在模拟状态（不须移动仪器，演练导航的模式）下，仪器不进行航迹记录。

2. 导航

对选定的航迹进行导航操作。

3. 删除当前

在航迹管理界面中选择要删除的航迹，按“菜单”键弹出“菜单”选项，选择“删除当前”选项，再按“摇杆/航点快捷采集”的确定键，将出现“确定删除？”的提示，选择“确定”将删除该航迹，选择“取消”则取消删除操作。

4. 删除所有

在航迹管理界面中按“菜单”键弹出“菜单”选项，选择“删除所有”选项，再按“摇杆/航点快捷采集”的确定键，将出现“确定删除？”的提示，选择“确定”将删除已存的所有历史航迹，选择“取消”则取消删除操作。

※注：航迹删除后，不可恢复。

5. 导出到 SD 卡

通过该功能可将航迹保存到 SD 卡上。

12.8　地图

12.8.1　界面介绍

地图界面主要用于显示导航地图及导航的相关指标。在地图界面上，仪器将以小汽车的图标显示当前位置，默认有两条信息栏，在屏幕上方的信息栏称为光标位置信息栏，在屏幕下方的信息栏称为速度航向信息栏。地图界面如图 12-37 所示。

12.8.2　菜单介绍

在地图界面时按“菜单”键将弹出地图菜单界面，在此界面时可以进行“回到当前位置”“隐藏光标位置信息”“隐藏速度航向信息”和“开始导航”等操作，如图 12-38 所示。

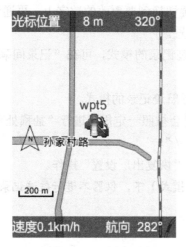

图 12-37　地图界面

图 12-38　地图菜单界面

1. 回到当前位置

在仪器已定位的情况下，可以通过此选项让地图居中显示当前位置，此功能可以理解为查看当前位置。

2. 隐藏光标位置信息

通过此选项可以显示或隐藏光标位置信息栏。

3. 隐藏速度航向信息

通过此选项可以显示或隐藏速度航向信息栏。

4. 开始导航

单击此选项后开始导航。

12.9　面积测量

12.9.1　界面介绍

面积测量功能主要用于测量和记录测量图形的面积。选择"面积测量"选项即可进入"长度/面积计算"界面，在此界面中可以进行面积采集和已存储数据的读取、计算操作，如图 12-39 所示。

单击"计算"选项进入面积采集计算界面，在此界面中可以采集新的面积以及显示当前位置，如图 12-40 所示。

卫星数：实时显示在当前位置时可用卫星的个数。

精度：实时显示在当前水平位置时的估算精度，单位为米。

长度：实时显示测量图形的长度值。

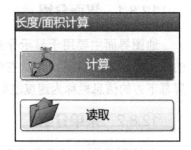

图 12-39　面积测量界面

面积：实时显示测量图形的面积值。

开始/记录：选择此选项后开始进行面积采集。当使用手动记点模式时，开始采集按钮为"开始"按钮；当使用自动记点模式时，开始采集按钮为"记录"按钮。

保存：选择此选项后，仪器将保存测量图形的面积。采集面积后，如果不单击"保存"按钮就退出该界面，数据将不保存。

已存记录读取界面将显示所有已存面积的信息，可对已存面积进行"查看详细""删除""删除全部"和"保存到 SD 卡"等操作，如图 12-41 所示。

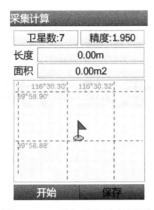

图 12-40　面积采集计算界面

图 12-41　已存记录读取界面

12.9.2　菜单介绍

在采集计算界面按仪器右侧的"菜单"键将弹出采集计算菜单界面，如图 12-42 所示。

1. 新任务

选择此选项后，开始一个面积采集的新任务。

2. 继续测量

选择此选项后，继续进行上一次的面积采集任务。

3. 自动记点

选择此选项后，仪器将自动记录行走轨迹。

4. 手动记点

选择此选项后，将由操作者手动采集在行走轨迹上的点。

图 12-42　采集计算菜单界面

课堂任务 12

1. 以小组为单位，使用 GPS 在校园内找到 5 个不同的标志性位置，测量并记录各坐标的经纬度值，并将数值标记在纸质地图上。

2. 使用 GPS 测量一条航线的面积。

第 13 章

激光测距仪的工作原理与操作

教学内容

1. 激光测距仪的原理及类型。
2. 激光测距仪的测量方式与操作步骤。

技能要求

1. 了解激光测距仪的原理。
2. 能正确设置激光测距仪的测量参数。
3. 能用激光测距仪对长度、面积、体积、三角形等进行测量。
4. 能用激光测距仪进行放样操作。

扫一扫看激光测距
仪的工作原理与操
作教学课件

扫一扫看激光测距
仪的工作原理与操
作微课视频

激光测距仪是利用激光对目标的距离进行准确测量的仪器。激光具有颜色纯、能量高度集中、方向性好等特点，因此激光测距仪通过控制发射激光束的功率可以实现高测程、高精度的测量作业。

13.1 激光测距仪的原理

激光测距主要分为脉冲法和相位法两种测量方式，激光测距仪按照不同的测量方式也可分为脉冲式激光测距仪和相位式激光测距仪两大类别。

13.1.1 脉冲式激光测距仪

脉冲式激光测距仪在工作时向目标射出一束或一系列短暂的脉冲激光束，由光电元件接收目标反射的激光束，仪器可通过计时器测量激光束从发射到返回的时间计算出从仪器到目标的距离。

如图 13-1 所示，如果光在空气中的传播速度为 c，激光测距仪的计时器从发出激光到接收到反射光的时间为 t，则 A、B 两点间的距离 D 为：

$$D = \frac{ct}{2} \tag{13-1}$$

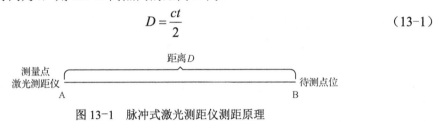

图 13-1 脉冲式激光测距仪测距原理

脉冲法激光测距的测量精度较低，一般在 10 cm 左右。另外，脉冲式激光测距仪在起始部分存在 1 m 左右的测量盲区。

13.1.2 相位式激光测距仪

相位式激光测距仪在工作时采用特定频率的激光束，通过对激光束进行幅度调制，测量调制光往返一次所产生的相位延迟，再根据调制光的波长，换算出此相位延迟所代表的距离。即使用间接的方法测量出激光束往返测线所需的时间。相位式激光测距仪激光传播示意如图 13-2 所示。

若调制光的角频率为 ω，已知 $\omega=2\pi f$，在待测距离 D 上往返一次产生的相位延迟为 φ。其中 $\Delta\varphi$ 为信号往返测试一次产生的相位延迟不足 π 的部分，m 为激光束往返待测距离 D 所经历的整数个波长，Δm 为不足一个整数波长的部分 $\varphi = 2\pi m$。对应的时间 t 可表示为：

$$t=\frac{\varphi}{\omega} = \frac{\varphi+\Delta\varphi}{\omega} = \frac{2\pi(m+\Delta m)}{\omega} \tag{13-2}$$

距离 D 可表示为：

$$D = \frac{ct}{2} = \frac{c\pi(m+\Delta m)}{\omega} \tag{13-3}$$

相位式激光测距仪一般应用于精密测距。由于其精度较高，为了得到有效的反射信号，待测目标在目镜中的位置应限制在与仪器精度相对应的某一待定点上。为达到这一效

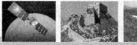

果，相位式激光测距仪都配置了被称为"合作目标"的反射镜。

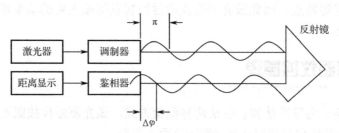

图 13-2　相位式激光测距仪激光传播示意

13.2　激光测距仪的类型

　　激光测距仪按激光器的种类可分为气体激光器（氦氖、CO_2 激光器等），固体激光器（掺钕石榴石、红宝石激光器等）和半导体激光器（砷化镓双异质结激光器）等类型。同时，激光测距仪可根据测量维度分为一维激光测距仪（距离测量）、二维激光测距仪（轮廓测量）和三维激光测距仪（空间测量）。

　　常见的激光测距仪有手持式激光测距仪、望远镜式激光测距仪和工业用激光测距仪，如图 13-3 所示。手持式激光测距仪的测量距离一般在 200 m 以内，精度在 2 mm 左右，在功能上除了测量距离外，一般还能测量面积和体积；望远镜式激光测距仪的测量距离一般在 600～3000 m，但精度相对较低，一般在 1 m 左右，主要应用于野外长距离测量；工业用激光测距仪的测量距离在 0.5～3000 m，精度在 50 mm 以内，当测量距离超过 300 m 时要加设反射镜，部分产品还能在测距的同时进行测速。

（a）手持式激光测距仪　　　　（b）望远镜式激光测距仪　　　　（c）工业用激光测距仪

图 13-3　常见激光测距仪的形式

　　如今，激光测距仪在军事、航空、航天方面也有着广泛的作用，在一些专用场合中对其测量的距离和精度也有着更高的要求。

13.3　UT395B 型激光测距仪的操作步骤

扫一扫看激光测距仪的操作视频

13.3.1　UT395B 型激光测距仪的结构及界面

　　常见的非精密测量场合一般使用手持式激光测距仪进行测量，以 UT395B 型激光测距仪为例，其外部结构如图 13-4 所示。

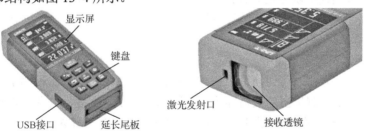

图 13-4　UT395 型激光测距仪的外部结构

在使用过程中，首先应选择待测点位，再固定测量点位（固定激光测距仪），然后选择测量基准。在测量时应保证光线沿线不被遮挡，在必要时须加设反射镜。

这里以 UT395B 型激光测距仪为例，其操作界面如图 13-5 所示。

13.3.2　测量前的设置

（1）单位设置：在长按"READ"键开机之后，可以使用"UNIT"键选择测量单位。默认的长度单位为 0.000 m，可通过多次按"UNIT"键切换测量单位及其精度。

（2）测量基准设置：通过多次按基准键可以切换测量基准。UT395B 型激光测距仪提供 4 种测量起点，分别为以测距仪顶部为起点的前基准、以测距仪中间定位孔为起点的中基准、以测距仪末端为起点的后基准和以延长尾板为起点的延长尾板基准，默认的测量起点为后基准。

图 13-5　UT395 型激光测距仪操作界面

13.3.3　测量操作

（1）在单次距离测量模式中，先短按"READ"键，使激光测距仪发射激光。显示屏的上方会显示相关的角度信息。锁定测量目标后，再次短按"READ"键，测距仪将显示该次测量的距离。辅助显示区能保留最近 3 次的测量数据，短按"CLEAR"键可以清除数据。

（2）连续测量模式可以方便地找出某一个距离点。长按"READ"键将进入连续测量模式，主显示区显示当前的测量值，辅助显示区显示本次测量的最大值和最小值，连续测量模式如图 13-6 所示。

（3）在面积/体积测量功能中，短按"面积/体积测量"键 1 次（图标显示为长方形）或 2 次（图标显示为立方体）可切换为面积测量或体积测量模式。在面积测量模式中，分别短按 2 次"READ"键，测量出的数值即为该长方形的长度与宽度，仪器将自动计算出长方形的面积 $S=L×W$。同理，在体积测量模式中，分别短按 3 次"READ"键，测量出的数值即为该立方体的长、宽、高，仪器将自动计算出立方体的体积 $V=L×W×H$，如图 13-7 所示。

图 13-6　连续测量模式　　　　　　图 13-7　体积测量及自动计算

（4）在三角形测量功能中，多次短按"角度/勾股测量"键可切换多种三角形测量模式，UT395B 型激光测距仪提供 6 种三角形测量模式，如图 13-8 所示。

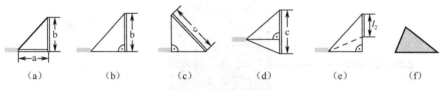

（a）　　　　（b）　　　　（c）　　　　（d）　　　　（e）　　　　（f）

图 13-8　三角形测量

模式（a）为测量直角三角形的斜边和倾角，求其高度和水平距离；模式（b）为测量直角三角形的斜边和底边，求其高度；模式（c）为测量直角三角形的 2 条直角边，求其斜边长度；模式（d）为测量任意三角形的 2 条边及高度，求其底边长度；模式（e）为测量直角三角形的斜边、辅助线以及底边，间接计算其辅助线的高度；模式（f）为测量任意三角形的 3 条边，求三角形的面积。

（5）在距离、面积、体积的累加与累减功能中，在单次测量距离、面积、体积之后，按"＋"键，测距仪将进入累加状态，再次进行单次测量距离、面积、体积的操作后，测距仪将把两次数据自动求和并显示在主显示区中，可叠加多次测量结果；同理，在单次测量距离、面积、体积后，按"－"键并再次进行单次测量操作后，可自动求差，可累减多次测量结果，直至测量结果为负值。

（6）在放样功能中，长按"UNIT"键可进入放样操作。放样的原理如图 13-9（a）所示。当"a"标志闪烁时，可通过"＋""－"键（短按或长按）调整 a 的大小，调整完成后按"READ"键结束调整。此时"b"标志闪烁，可重复上述步骤至调整 b 的大小。调整完成后，

第 13 章　激光测距仪的工作原理与操作

仪器开始放样。操作者应根据显示屏显示的放样标志调整个人位置，直至找到放样点，如图 13-9（b）所示。

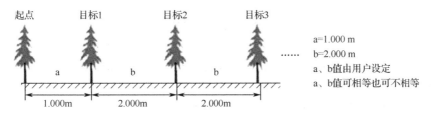

（a）放样原理

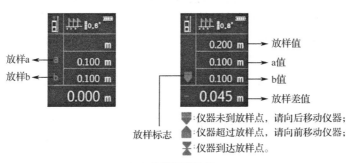

（b）放样界面显示

图 13-9　放样测量

13.4　注意事项

激光器是强度很高的光源辐射器件，激光容易对人体，特别是人眼造成伤害，在使用激光测距仪时需要特别小心。目前在市场上主流的激光测距仪的激光等级为第二级（低输出的可视激光，功率为 0.4～1 mW），属于安全等级。但仍需要注意，第二级激光持续照射人眼会导致人晕眩及无法思考。因此不要直接在激光光束内进行观察，也不要使激光直接照射到人眼，同时应避免使用远望设备观察激光。当激光照射到眼睛时，应采取眨眼避开的方式来保护自身。

课堂任务 13

为激光测距仪设置合适的测量单位和基准，并测量以下内容。

1．单次距离测量：测量讲台的高度。

2．连续测量：连续测量课桌桌面至教室地面的高度，并记录最大值和最小值。

3．面积/体积测量：测量本教科书封面的面积及课本的体积。

4．三角形测量：测量自己所在位置到天花板与墙面交界处的水平距离与垂直高度；测量任意三角形的面积。

扫一扫看激光测距仪相关的练习题与答案

参 考 文 献

[1] 孙青华. 光缆电缆线务工程. 北京：人民邮电出版社，2011.

[2] 李立高. 通信光缆工程. 北京：人民邮电出版社，2009.

[3] 叶柏林. 通信线路实训教程. 北京：人民邮电出版社，2006.

[4] 曾庆珠. 线务工程. 北京：北京理工大学出版社，2015.

[5] 信息产业部电信传输研究所.通信技术标准汇编（通信电缆卷）YD-T322-1996.

[6] [美]Joseph C.Palais. 光纤通信（第五版）. 北京：电子工业出版社，2006.

[7] 中华人民共和国工业和信息化部. 中华人民共和国通信行业标准 YD5201-2011. 通信建设工程安全生产操作规范，2011.

[8] 邱勇进，孙晓峰，高宿兰. 图解常用电子仪器仪表使用. 北京：化学工业出版社，2014.

[9] 曾周末. 仪器仪表系统设计与应用. 北京：机械工业出版社，2012.

[10] 史少飞. 常用仪器仪表使用. 北京：电子工业出版社，2017.